Denkend aan Holland zie ik brede rivieren
traag door een oneindig laagland gaan......

Een goede toekomst in de States,

André   Aira

    Loes   Tirza

NAT & DROOG

NEDERLAND MET ANDERE OGEN BEKEKEN

SAMENSTELLING
GUUSJE BENDELER, LEONTINE VAN DEN BOOM, MART HULSPAS
EN ROB SMITH LIJN 5 ONTWERPERS
FRED ALLERS, MARJA BOLL HET KANTOOR

RIJKSWATERSTAAT

ARCHITECTURA & NATURA / 1998

ALS KIND SPEELDE IK OP DE DIJK. EN ALS DE RIVIER HOOG STOND, GING IK MIDDEN IN HET DORP STAAN KIJKEN HOE HET WATER IN DE STRAAT OPBORRELDE. HET WAS ONDER DE DIJK DOORGESIJPELD EN ZORGDE ALTIJD WEL DAT ER EEN BOERENKAR BLEEF STEKEN. **IK ZIE ZE NOG WILGENTAKKEN IN DE MODDER GOOIEN OM DE WAGEN MEER GRIP TE GEVEN. HET GEBEURDE ALTIJD OP DEZELFDE PLEK, PAL VOOR ONZE HUISDEUR. GEEN MOMENT DACHT IK AAN GEVAAR.**

We onderhouden een tamelijk kwetsbare relatie met ons water. Daar sta je als gewone Nederlander niet dagelijks bij stil. Ik deed dat in elk geval niet. Ik vond het de gewoonste zaak van de wereld dat de rivier getemd voorbij gleed. En water kwam uit de pomp, later uit de kraan. Maar inmiddels weet ik hoeveel energie, denkkracht, kennis en vaardigheid in alledaagse zekerheden gaat zitten: droge voeten, fatsoenlijke wegen, goed begaanbare vaarwegen, voldoende en schoon water, zo veilig mogelijk verkeer.

Twee eeuwen lang heeft Rijkswaterstaat geholpen vorm te geven aan ons land. Aan nat en droog. En altijd met overtuiging en inzet. Wie om zich heenkijkt ziet daarvan de getuigenissen: bruggen, wegen, waterkeringen, gemalen, kanalen, stuwen en sluizen. Merktekens in een landschap. Op hun manier zijn het monumenten, letterlijk of figuurlijk. Er zitten trotse of al lang vergeten verhalen aan vast. Samen vertellen ze een paar eeuwen geschiedenis van een volk. De geschiedenis van een organisatie ook, die haar werk en haar manier van werken steeds heeft aangepast aan veranderende maatschappelijke behoeften. Onze opdracht kende in de loop van de tijd vele gezichten: van ijsbestrijder tot waterdokter, van wegontwerper tot verkeersregisseur, van dijkenbouwer tot milieuspecialist, van uitvoerder tot kennisleverancier.

Samenspraak met de samenleving krijgt een steeds zwaarder accent in ons werken. De maatschappelijke ontwikkeling is dan ook terug te zien in onze organisatie en haar producten. Er zijn vroeger keuzes gemaakt die thans praktisch niet meer kunnen of die we simpelweg niet meer willen. Maar er zijn ook oplossingen bedacht die morgen nog tot de verbeelding spreken.

Tweehonderd jaar vang je niet in een paar honderd pagina's. Het is een schets, een momentopname. Kijk er op uw gemak naar. En naar de 200 Rijkswaterstaatwerken die in dit boek speciale aandacht krijgen. Wij gaan ondertussen door met naar u luisteren. Steeds beter, hopen we.

Gerrit Blom
Directeur-Generaal van de Rijkswaterstaat

DROGE VOETEN / 1

HIJ HEEFT ZIJN TROMPET EN Z'N TUBA, Z'N BILJARTEN EN ZIJN UURTJES MET DE HENGEL. ZIJ HEEFT VOORAL HAAR TUINTJE, ANNIE VAN DEN HADELKAMP. ELKE DAG GAAT ZE ER WEL EVEN NAAR TOE. IN HET VOORJAAR KIJKT ZE HOE MANLIEF STAAT TE SPITTEN, EEN BRANDARIS-SJEKKIE IN DE MONDHOEK. DE ZOMERMAANDEN GAAN VOORBIJ MET WROETEN, POTEN, SCHOFFELEN EN PLUKKEN. IN HERFST EN WINTER IS HET SOMS ALLEEN MAAR UITWAAIEN OF EEN BEETJE SNOEIEN. IN WOERDEN IS DE GROND GOED, HET LEVEN MOOI. DAT HAAR VOLKSTUINTJE EEN DIKKE METER ONDER DE ZEESPIEGEL LIGT, DAARBIJ HEEFT ZE NOOIT STILGESTAAN. GEEN DAG VAN HAAR 72 JAAR. TOT HET MIDDEL IN HET WATER? EN DE DUINEN DAN?

WEINIGEN LIGGEN WAKKER VAN HET WATER. NEDERLANDERS VINDEN DROGE VOETEN HEEL GEWOON. ANDERS REAGEERT DE BUITENLANDSE BEZOEKER. DIE LAAT ZIJN GEVOELENS HEEN EN WEER SLINGEREN: TUSSEN BANG EN BEWONDEREND. EEN COMPLEET VOLK BLIJKT Z'N TOEKOMST TOE TE VERTROUWEN AAN DE BEHEERDERS VAN HET WATER. EN DAT TERWIJL HET LAND ELK JAAR VERDER ZAKT. Tijden veranderen. Tienduizend jaar geleden was Nederland een drassige rivierdelta. Geen waddeneilanden, wèl een zompige voettocht tot bij Engeland. Met het einde van de ijstijd kwam het water. En daarmee de problemen, de uitdagingen, de oplossingen, nieuwe problemen. Tot de dag van vandaag. Sommige dingen veranderen nooit.

De laatste tweehonderd jaar heeft Rijkswaterstaat de landelijke lijnen uitgezet in de strijd met het water. Een openluchtmuseum van voorbeelden getuigt daarvan. Dijken, duinen, polders, gemalen, stuwen, sluizen, stormvloedkeringen. Voorbeelden van voortschrijdend inzicht, van veranderende vragen vanuit de samenleving, van schoksgewijze verbeteringen.

Samen sterk. In de tweehonderd jaar heeft Rijkswaterstaat geleerd samen te werken: soms gedwongen, vaak van harte. De vijand was ernaar. Hij viel frontaal vanuit zee aan, maar soms ook in de rug via de rivieren. Dat leidt tot veelvormige en vaak hechte banden: met de beherende waterschappen, provincies, gemeenten, tal van ministeries. De interactie met het bedrijfsleven is volop in ontwikkeling. Sinds jaar en dag ligt veel van de feitelijke uitvoering bij aannemers. In toenemende mate komt daar ook het bedenken en ontwerpen van oplossingen bij. Dat hoort bij de regisserende rol en bij het besef dat geen enkele organisatie de wijsheid in pacht heeft.

De samenleving is de opdrachtgever. Samenspraak met direct betrokkenen een groeiend goed. Vanzelfsprekend zijn er tegengestelde belangen en opvattingen. Rijkswaterstaat komt ze tegen: boeren die balen, gemeenten die zich gedwarsboomd voelen, dorpsbewoners die dik de pest in hebben over dijkverzwaring. En sommige beslissingen zouden tien, twintig jaar later nooit meer zo genomen worden. De recht toe recht aan Waaldijk bij Brakel is daarvan een moeilijk uitwisbaar voorbeeld. Dit is geen schande, dat is het leven.

De natuur wint. Uiteindelijk altijd. Daarom verandert bekvechten in ruimte geven, in kracht gebruiken. Broodnodig omdat de bodem steeds verder zakt door verdroging van veen en klei. In het westen, waar de meerderheid van de bevolking woont en de economische motor het hardste draait, pompt Nederland zichzelf naar beneden. De voorspellingen gaan uit van een meter in de komende eeuw. Diezelfde ramingen waarschuwen voor een stijging van de zeespiegel en voor periodes met royalere toevoer van regen- en smeltwater. Nieuwe problemen dus, grote uitdagingen. Voorzichtige voorbeelden van een nieuw verbond zijn her en der zichtbaar.

BOL VAN TECHNIEK De stalen bolscharnieren zijn tien meter in doorsnee en zes ton zwaar. Het zijn de schoudergewrichten van de stormvloedkering in de Nieuwe Waterweg. Krachtige armen verbinden hen met de sluitdeuren. Deze kunnen dankzij de opzienbarende scharnieren in alle richtingen bewegen. Overigens hebben de twee bollen weinig last van de enorme waterdruk tijdens een sluiting. Die laten ze via de armen wegvloeien naar hun eigen fundering, een kolossaal driehoekig betonblok dat 70.000 ton aan kracht kan opvangen.

OVERWERK IN DE TOEKOMST De stormvloedkering in de Nieuwe Waterweg gaat vanaf het jaar 2050 een drukke tijd tegemoet. Verhoudingsgewijs. Het gevaarte zal dan eens per vijf jaar z'n deuren sluiten. Dat is twee keer zoveel als nu. Spijtig voor de Rotterdamse haven. De scheepvaart moet wachten tot de storm over is. Na maximaal dertig uur gaan de deuren weer open. En is de haven vijf tot tien miljoen misgelopen. De oorzaak van al dat sluitwerk: de stijging van de zeespiegel. Overigens blijft dat koffiedik kijken. Het kan dus vriezen of – waarschijnlijk – dooien.

SUPERSTORM HET HOOFD BIEDEN 'Voordeur van de Rijnmond'. Een passende benaming voor de stormvloedkering in de Nieuwe Waterweg. Vanaf 1 mei 1997 in bedrijf. Kosten: een kleine miljard gulden. Deze Maeslantkering belooft zelfs een superstorm aan te kunnen, die gemiddeld eens per tienduizend jaar voorkomt. Ter vergelijking: het soort storm dat de watersnoodramp van 1953 veroorzaakte, trekt gemiddeld eens in de honderd jaar over Nederland.

DE NACHT VALT OVER DE MAASSTAD. EEN AANWAKKERENDE ZUIDWESTEN WIND BLAAST EEN FEL FLUITCONCERT DOOR DE BEREGENDE STRATEN. GEEN REDEN VOOR DE EERSTE VROEGSLAPERS OM NIET OP ÉÉN OOR TE GAAN. In de meeste huizen

flikkert het blauwe schijnsel van de televisie nog. Het Laatste Journaal meldt daklozen en gewonden op de Britse eilanden. Beelden van weggewaaide caravans, geknakte bomen, een Noordzee die schuimbekt.

In het bedieningsgebouw van de 'Maeslantkering' in de Nieuwe Waterweg waakt een elektronisch brein over stad en land. Elke tien minuten steekt het Beslis Ondersteunend Systeem (BOS) een teen in het wassende water. De computer ontvangt weersverwachtingen en Engelse waterhoogten, van onder meer het KNMI. BOS rekent de datagolven om tot verwachte waterstanden in Rotterdam en Dordrecht. Bij 3.20 meter boven NAP zou het water in Rotterdam over de kade lopen. Komt de voorspelling hoger uit dan 2.60, dan treedt alarmfase 1 in werking.

Op de nachtkastjes van twaalf Rijkswaterstaters rinkelt vervolgens de telefoon. De computer noodt hen naar de Maeslantkering. Hun enige taak: op handbediening overschakelen als de klont elektronica het scenario niet correct afdraait. In 99,99 procent van de gevallen handelt BOS de procedure volautomatisch en feilloos af. Tot en met een faxje naar de havendienst, dat er over een paar uur geen schepen meer door de Nieuwe Waterweg kunnen varen.

BOS is de baas over een machtig mechanisme. In tien meter diepe dokken, aan weerszijden van de Nieuwe Waterweg tussen Hoek van Holland en Maassluis, rusten twee gigantische, uitvaarbare taartpunten. Elk 238 meter lang en twee keer zo zwaar als de Eiffeltoren, 15 miljoen kilo staal per stuk. Als een reuzeninsect vouwt de stormvloedkering haar armen dicht. Bolvormige scharnieren, een soort gewrichten, zorgen ervoor dat de taartpunten flexibel door het woelige water bewegen en op hun plek vallen in de betonnen drempel op de bodem.

Het bedenken van de stormvloedkering gebeurt eind jaren tachtig via een prijsvraag. Vijf combinaties van aannemers dienen ontwerpen in. Deze vernieuwende aanpak, 'Design & Construct', doet een breed beroep op de inventiviteit van technisch Nederland. De financiële druk komt bij de aannemer te liggen. Bij het ontwerpen let deze er vanzelfsprekend scherp op dat het project binnen de begroting blijft. Dit soort samenwerking met het bedrijfsleven komt steeds vaker voor. Van het met laserstralen opsporen van oude waterkreken tot het ontwerpen van door de computer bestuurde auto's. En van het opbergen van baggerspecie diep onder het Ketelmeer tot de aanleg van de Hogesnelheidslijn.

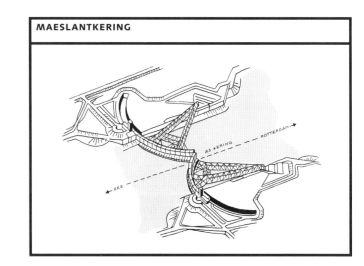

MAESLANTKERING

GOEDE GRAP 'De duinen krijgen een voet van asfaltbeton.' Een verhaal in het personeelsblad van Verkeer en Waterstaat. Op 1 april 1991 lacht iedereen smakelijk om deze grap. Vijf jaar later start een heus onderzoek. Betonsuppletie kan het wegvreten van duinen door winterstormen voorkomen. Een laagje zand erover om het natuurlijk aanzien en voetzolen van strandgangers te beschermen. Het blijkt geen gek idee, maar economisch voorlopig niet interessant. Dus gaat het naar de la en mogelijk naar de toekomst.

LASERSTRALEN SCHIETEN TE HULP Ochten 1995. De dijk staat op springen. Paniek dreigt. Niemand weet precies welke plaatsen kunnen onderlopen. Gegevens over de hoogteverschillen in het gebied ontbreken. En daarom pakt iedereen zijn biezen en maakt zich uit de voeten. Inmiddels is de moderne techniek te hulp geschoten. Laserstralen meten de hoogte van het landschap, tot op de centimeter. Bij dreigende watersnood hoeven voortaan alleen inwoners van de laagste gebieden te wijken. Minder grootschalige evacuaties dus.

ALS EEN DUVELTJE UIT EEN DOOSJE. INEENS TORENT EEN RUBBEREN REUS BOVEN DE MONDING VAN DE IJSSEL.

Eigenlijk is het een damwand van honderdtachtig meter breed, acht meter hoog, dertien meter dik. Nog vóór de eeuwwisseling is de grootste balgstuw ter wereld een feit. Bij dreiging komt de speciale kering uit haar verscholen plek op de bodem tevoorschijn. Zij roept de aanstormende golven vanuit het Ketelmeer een halt toe. Deze kunnen niet verder richting West-Overijssel oprukken. De noordwesterstorm is verder kansloos.

In dat gebied lijken ze even de smaak van opblaasbare waterkeringen te pakken te krijgen. Ook voor Kampen, zo'n twintig kilometer verderop, is een bijzondere constructie bedacht: een kunststof wand van twaalfhonderd meter lang en twee meter hoog. Een gelegenheidsdijk, die de stad tegen opdringend IJsselwater moet beschermen. Keurig opgevouwen in een ondergrondse bergplaats in de monumentale kade. Bij dreiging gaan de luiken open en blaast de wand zichzelf op. Is het gevaar geweken, dan verdwijnt het hele zaakje weer. Poppetje gezien, kastje dicht. Zo'n oplossing bestaat nog nergens ter wereld op deze schaal. En ook voor Kampen blijft het bij de tekentafel en een succesvolle praktijkproef. Het beleid kiest voor een traditionele verzwaring van de bestaande kade. Ook doeltreffend. En gewoon goedkoper.

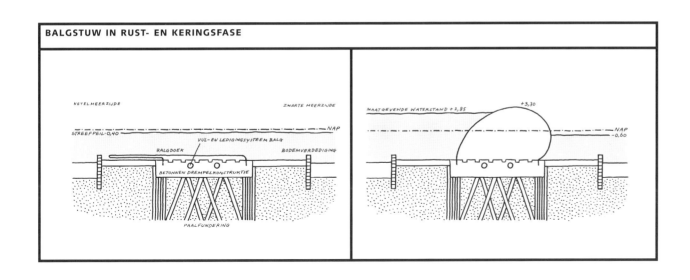

BALGSTUW IN RUST- EN KERINGSFASE

DIJK IS DE OUDSTE WATERKERING Een stralende dag op het strand bij Scheveningen. Peuters knoeien met zand en water. Ze bouwen mooie forten en zandkastelen. De slimsten zetten een dammetje neer. Zodat de zee geen vat krijgt op hun kunstwerk. De vroegste bewoners van Nederland kwamen op hetzelfde idee. Het eerste type waterkering om have en goed te beschermen. Later werden het heuse dijken. Niet meer weg te denken uit het Hollandse landschap.

POORT STAAT DOORGAANS OPEN Dijken zijn sta-in-de-wegs. Voor plekken met scheepvaart vormen ze geen oplossing. Dat betekent tot diep landinwaarts hoge zeedijken langs de rivieren. Beweegbare oplossingen in de rivieren zijn inmiddels voorhanden. Waterkerende wanden die alleen bij gevaar hun plek innemen. Ze sluiten complete zeearmen of rivieren af. Het grootste deel van de tijd bevinden zij zich in ruststand. Scheepvaart en milieu ondervinden geen hinder. De keringen in de Oosterschelde en de Nieuwe Waterweg vormen de duidelijkste voorbeelden.

LIFT GAAT IN DE VERDEDIGING Schutsluizen zijn de liften van de scheepvaart. Comfortabele op- en afstapjes om twee verschillende waterniveaus met elkaar te verbinden. Maar deze sluizen hebben de bedoeling ook het hoofd te bieden aan stormvloed-omstandigheden. Dan gaat het slot erop en veranderen ze in zogenaamde keersluizen. Net zolang tot er weer rustiger tijden aanbreken. Schepen moeten dan even geduld hebben. In het rivierengebied en aan de kust komen veel van dergelijke waterkeringen voor. De grote Noordzeesluizen bij IJmuiden zijn een voorbeeld.

ZANDKORRELS ZIJN ZWERVERS. ZE GAAN WAAR WIND EN WATER HEN VOEREN. HUN GEDRAG IS TE BESTUDEREN. EN VERVOLGENS DOOR DE MENS TE GEBRUIKEN. Met miljarden tegelijk liggen ze 's zomers op het strand. Of ze schurken zich aaneen tot glooiende heuvels. 'Waar de blanke top der duinen schittert in de zonnegloed...', zingt het bekende loflied, 'juich ik aan het vlakke strand, ik heb u lief mijn Nederland.' Vaderlandsliefde is zandkorrels echter vreemd. Wanneer in het najaar de luchten donkeren, het kwik krimpt en de wind aanwakkert, laten ze zich massaal wegspoelen door het getij. Of ze stuiven stormenderhand naar andere oorden.

Waterschappen, gemeenten en andere kustverdedigers voeren van oudsher een moeizame strijd. Helmgras, afzinken van rieten matten, stuifschermen, dijken en dammen zijn middelen om wind, water en zand naar de hand te zetten. Vaak vergeefs. Texel bijvoorbeeld levert in windrijke jaren op sommige plekken zelfs dertig meter in. In 1990 vinden Regering en Tweede Kamer het welletjes: stop de afkalving.

Kustverdediging kent vele gezichten. Dijken, duinen, halfopen keringen en gevaartes die in geval van nood de deur op slot gooien. Bouwen en verbouwen van de kust was vooral opboksen tegen de elementen. Tegenwoordig vaak ook judo: gebruik maken van de kracht en de ingezette beweging van de aanvaller. Waar dat kan, mogen zee en natuur – op bescheiden schaal – hun gang gaan. Op Vlieland bijvoorbeeld in twee vroegere polders. Langzaam maar zeker ontstaat daar een spannend natuurgebied. Op andere plekken wordt duinzand niet langer op zijn plek gedwongen, maar mag het gerust verstuiven. Dat stimuleert de variatie aan flora, fauna en landschap.

Waar de kustlijn per se stabiel moet blijven, is zandsuppletie een beproefde techniek. Dit werkt in grote lijnen hetzelfde als het verzolen van een schoen. Sleephopperzuigers baggeren het zand zo'n twintig kilometer uit de kust op en spuiten een slijtlaag op het strand tot even over de voet van de duinen. Gemiddeld duurt het een paar jaar voor het zand weer is weggespoeld.

De Nederlandse kust wordt steeds steiler, de vooroever holler. Daardoor valt strand makkelijker in het water. Reden om de techniek van het alsmaar zand aanslepen te blijven ontwikkelen. Bijvoorbeeld minder het strand ophogen, maar het accent leggen op ondieper maken van de zee. En dan speciaal ter hoogte van de branding. Daar slaat de erosie immers het ergste toe. Proeven geven deze aanpak een goede kans. De kinderen op het strand zijn dankbaar. Het werk dat juist in de rustige zomermaanden moet gebeuren, gooit hun gebouw aan zandkastelen niet in de war.

←↑ ZANDSUPPLETIEWERKEN 046 ↗↓

BROEDEND ZAND Van modderhoop tot vogelparadijs. Tien jaar terug: dertig kilometer uit de kust zand opzuigen, in een schip laden, het Haringvliet opvaren, bij de Slijkplaat uitspugen en met bulldozers platwalsen. Een eiland middenin het visrijke Haringvliet. Een cadeautje voor de vogels. Zelfs de zeldzame visdief komt er graag een eitje leggen.

→FLAAUWE WERK 168 ↗

EEN KWESTIE VAN DE GOLVEN AFMATTEN Schoonheid wint. Geen dijk dus
die boven de duinen uittorent. Maar wèl veiligheid. En zeker geen
benauwde momenten meer tussen rijksstrandpaal 10.50 en 13.25,
bij het Flaauwe Werk. In de stormnacht van '53 is het daar kantje
boord. Goeree kiest daarna niet voor een steil en hoog gevaarte
waar het water met geweld tegenaan beukt. Er is ruimte voor een
licht hellend talud. Op die manier hebben de golven een lange weg
te gaan en zijn aan het eind van de rit buiten adem. In de wieler-
sport heet dat vals plat.

'IK HEB HET GROOTSTE PRIVE-STRAND VAN EUROPA. EN ER KOMT IEDERE DAG EEN STUKJE BIJ. MET DANK AAN WIND EN WATER.' WOUTER NIEMEIJER RESTAURANT-MANAGER STRANDHOTEL NODERSTRAUN OP SCHIERMONNIKOOG. HIJ IS DE NOORDELIJKSTE BEWONER VAN NEDERLAND

EEN TREITEREND SPOORTJE BRUIN WATER ACHTER DE INLAATSLUIS LANGS HET PANNERDENS KANAAL BIJ DOORNENBURG. IN EEN PAAR HOOFDEN GAAN ALARMBELLEN RINKELEN. PERST DE WATERMUUR ZAND ONDER HET COMPLEX DOOR? SCHUIFT DE HELE HANDEL DADELIJK DE POLDER IN? Nederland schrijft begin februari 1995.

Heel het land houdt de adem in. Honderdduizenden sjouwen met huisraad, met zes miljoen kuub zand en klei, met scheepsladingen beton en basalt. Ze vluchten noodgedwongen of helpen de rivierdijken een handje. Bij Waterschap De Betuwe graaft ondertussen iemand in een papierberg. Tevergeefs. Uit niets blijkt of er damwanden onder de sluis in de Linge zitten. En het water blijft er angstaanjagend bruin. Ineens is de stiekeme paniek verleden tijd: het Instituut voor Grondmechanica in Delft vindt bouwtekeningen, inclusief drie dappere damwanden.

Het hoogwater verdwijnt. Wat blijft, is een verontrustend gebrek aan parate kennis over de bestaande waterkeringen. Waterschappen, provincies en Rijk hebben hun les geleerd. Ze ploegen archieven om, sturen landmeters op pad, doen proefboringen, houden waarschuwingssystemen tegen het licht, tillen dijkbekledingen op en snuffelen in de ondergrond. Zij graven gegevens op, die ze tòch nodig hebben.

Er komt een APK-keuring voor dijken en andere waterkeringen. Het parlement heeft namelijk het verlangen van de samenleving naar veiligheid in een nieuwe wet gegoten. Elke vijf jaar gaat de thermometer erin en ontvangt Nederland een veiligheidsverslag. Over elk stuk van de 2500 kilometer lange verdediging. Een bijzondere wet. Geen keurslijf aan starre hoogtes, sterktes en diktes, maar eentje die de kans als maatstaf neemt. Hij wil de kans dat een zeewering het begeeft, beperkt zien tot ééns per tienduizend jaar. Langs de rivieren heerst een lichter regime: ééns per 1250 jaar.

Bij de tijd blijven: dáár draait het om. Zo'n kansbepaling laat de eisen van de wet meegroeien met wat de natuur en de techniek ons brengen. Klimaatveranderingen en nieuwe wetenschappelijke inzichten krijgen automatisch hun effect. De eerste rapportage komt in 2001. Dan blijkt waar Nederlands bescherming tegen natte voeten deugt.

Honderdvijftig pagina's keuringsboek ligt klaar. De beheerders van de verdedigingswerken hebben het samen opgesteld. Rekenregels. Alle mogelijke combinaties hebben er hun plek in: hoogtes, steilheid, steensoorten, kruinhoogten, taludbekleding, klei aan de top, ook klei in het hart, waterdoorlatend vermogen, golfbrekers, noem maar op. Soms is het oordeel snel geveld: de dijk staat als een huis. Andere keren blijkt uit de rekenarij dat het oog bedriegt. Neem begin jaren zestig. Er moeten en zullen hoge dijken komen. Snel en smal. Dat lukt. Ze staan ogenschijnlijk stevig te zijn. Maar niet elke ondergrond leent zich voor zo'n aanpak. De dijk gaat drijven. Hij torent hoog genoeg boven het water uit, maar is de eerste tijd onstabiel: een reus op lemen voeten.

STILLE NACHT, TESTNACHT Een onooglijk brok beton en staal overspant de A2, Den Bosch-Utrecht. Honderdduizenden automobilisten razen er dagelijks gedachtenloos voorbij. Ze hebben geen weet van die eenzame wachter, de noodkering in de Diefdijk. Bij een dreigende overstroming kunnen de schuiven dicht, doorsnijdt de weg de dijk niet langer en is de Betuwe veilig. Eén keer per jaar, als heel Nederland onder de kerstboom zit, gaat de kering op examen. Die nacht gaat de snelweg even op slot.

ROTSVAST IN DE BRANDING 'Soms stort de zee zich als een kolkende massa op het strand. Maar bang ben ik nooit. Texel is veilig.' Willem Jacob Kikkert, 63, weet het zeker. Hij wil nooit naar 'de overkant'. De Kikkerts wonen al vanaf 1682 op het eiland. Texel is 32 bij 7,5 kilometer groot, zo geven de strandpalen aan. Zandsuppletie, strekdammen en 21.000 vierkante meter aan betonnen zinkstukken houden dat zo. 'Bovendien laat de Texelaar zich niet zo snel in de gordijnen jagen. Alleen als zo'n stadsbewoner komt vertellen hoe het moet, krijg je ons nijdig.'

EEUWENLANGE WADWANDELING De waddeneilanden wandelen richting kust. Langzaam maar zeker. Aan de bovenkant snoept de Noordzee land weg. Maar aan de andere kant brengt het water ook zand. De complete Waddenzee dichten, lijkt monnikenwerk. Toch is de oppervlakte ervan sinds 1500 elke week met een voetbalveld afgenomen. Bovendien veranderen de eilanden van vorm. Schiermonnikoog is nu tweemaal zo groot als in 1300, toen de cisterciënzer monniken er nog de dienst uitmaakten.

DE ZEE GEEFT, DE ZEE NEEMT. WIJSHEID DIE MET DE MOEDERMELK IS INGEGEVEN. ELKE STORM DRUKT KUSTBEWONERS DAAR NOG EENS OP. BETONBLOKKEN VERDWIJNEN UIT DE DIJKEN. HET ZIJN EVENZOVELE STILLE GETUIGEN. Weggeslagen door de

BEHEREN

golven. Dat zeggen de mensen. Zij wijzen met de beschuldigende vinger naar het aanstormend geweld. Fout! Juist als de golf op haar laagste punt is, sleurt ze de betonzuiltjes uit hun zetting. Dat komt omdat het water dat zich tussen beton en klei verzameld heeft, niet snel genoeg weg kan. Geen levensbedreigende situatie, maar alle aanleiding tot doordachte versterking. Daarvoor is 1,2 miljard gulden beschikbaar. Eigenlijk het eerste resultaat, een voorloper, van de nieuwe vijfjaarlijkse dijkinspectie.

Rijkswaterstaat, waterschappen en bedrijfsleven zijn voortdurend op zoek naar betere manieren van aanleg en beheer. Zij laten de theorie op de voet volgen door praktijkproeven. Daarbij is er een groeiende aandacht voor natuur en milieu. Immers: een ondoordringbaar fort is prima, maar het moet er vooral niet zo uitzien.

Toch krijgt de natuur nog te vaak klappen. In het begin van de jaren negentig is bijvoorbeeld meer gesloten dijkbekleding gebruikt dan tien jaar eerder. En op dichte, gladde vlakken kunnen wieren niet wortelen, zeedieren zich niet vastzetten en al helemaal geen holtes vinden om weg te kruipen. Rijkswaterstaat wil werken als kennisbron. Als aanjager van verantwoorde vernieuwing. Maar vooral als meewerkend partner van de beheerders. In twee Zeeuwse proefgebieden, zogeheten dijktuinen, krijgt dat gestalte. Soorten dijken, soorten bekleding, gevolgen voor veiligheid, gevolgen voor de natuur: er wordt geëxperimenteerd, gegraven, gegoten, gesteenzet, gedokterd, gemeten en geteld dat het een lieve lust is. Tal van natuurvriendelijke èn veilige oplossingen zien er het levenslicht.

Het tij keert. Kale betonkoppen krijgen steeds vaker een natuurlijker toplaag: een paar centimeter lava of kalkrijke steen. Ruw en daardoor uitnodigend. Tussen de stenen ook holtes waardoor het water in- en uitkan. Met dank van de alikruiken en ander klein spul. Gietasfalt en -beton worden minder gebruikt en bij voorkeur met een paar centimeter lavasteen afgestrooid. Waar de zee haar wildste haren kwijt is, ontstaat misschien zelfs ruimte voor een compleet groene dijk. Helemaal van klei, een lange zwakke helling waar de golven soepel over weg kunnen lopen en met een stevige top van gras. En ook daar blijken bescherming en natuur elkaar te helpen. De omstandigheden vragen grassen met verschillende wortelstelsels: diep en lang, afgewisseld met breed en fijnmazig. Voor de leek gewoon groen, voor de ecoloog een soortenrijkdom om van te watertanden.

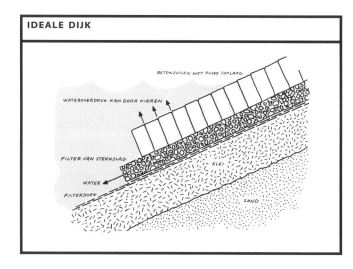

IDEALE DIJK

BETONZUILEN MET RUWE TOPLAAG

WATEROVERDRUK KAN DOOR KIEREN

FILTER VAN STEENSLAG

KLEI

WATER

FILTERDOEK

ZAND

GAS OP DE PLANK Trijntje is trots. Een meisje van twintig als buschauffeur. Begin jaren dertig is dat iets bijzonders. Trijntje de Haan rijdt arbeiders van woonkeet naar werkplek. Meter na meter geven deze 'polderjongens' de Afsluitdijk vorm. Op een dag dagen de passagiers mooie Trijntje uit. Ze baalt van dat getreiter. Ineens houdt de bus halt, middenin de weilanden. 'De motor is afgeslagen. Allemaal duwen!' Nadat de laatste is uitgestapt, start ze de bus. Weg is ze.

SCHEIDEN VOORKOMT LIJDEN Een ontmoeting van twee grote rivieren betekent nattigheid. Bij het Gelderse Heerewaarden dus. Om de bewoners rond het trefpunt van Maas en Waal te ontzien, moet er een compleet nieuwe rivierbedding komen: de Bergse Maas. Dat gebeurt rond het eerste eeuwfeest van Rijkswaterstaat. Bij Sint Andries vormt een sluis de scheiding van de twee rivieren. De verbinding ook. Als één van de twee rivieren wat veel water spuwt, is de ander het veilig overloopvat.

DREIGING EBT NIET WEG Sint Andries deint mee op de golven van onrust. Het kleine dorpje langs de Waal ligt vanaf de Brouwersdam gemeten 113 kilometer landinwaarts. Hemelsbreed. Ver weg van eb en vloed. Niets is minder waar. Na voltooiing van de Deltawerken bedraagt het verschil tussen hoog en laag water toch nog veertig centimeter. Daarvóór: één meter. Grote overstromingen elders in het land werkten als een alarm. St. Andries deed dan een schepje op z'n dijken. En hield het droog.

'HET WAREN BEREN VAN KERELS. DAAR KEEK JE ALS BROEKIE TEGENOP. JE HAD WEL VAN HEN GEHOORD, MAAR NU WERKTE JE MET DE VROEGERE BOUWERS VAN DE AFSLUITDIJK.' SIMON BAKKER, 81 JAAR, OUD TECHNISCH INSPECTEUR ZUIDERZEEWERKEN. KWAM ALS JONGSTE BEDIENDE BIJ DE BEDIJKING VAN DE NOORDOOSTPOLDER. ALLES WAS INDRUK-WEKKEND.

VRIEND EN VIJAND 'Totendamm', heet de Afsluitdijk in de wandel-gangen van de Wehrmacht. Het is de enige plek waar Duitsland in de meidagen van 1940 een verpletterende nederlaag lijdt. Door een bewuste knik in de dijk geven de kazematten bij Kornwerderzand de Nederlandse artillerie vrij spel. De landsdefensie gaat in vroeger jaren vaak hand in hand met de verdediging tegen het water. Ieder kent de Hollandse Waterlinie. Die aanpak gaat door tot de Koude Oorlog. Een overstroomde IJssel moet de Russen tegenhouden.

DE TREIN VRAAGT Z'N PRIJS Niet alleen de landbouw vraagt een prijs aan de zee. Ook het vervoer. Als in de vorige eeuw een spoorlijn Vlissingen met de rest van de wereld gaat verbinden, moet getijgeul Sloe eraan geloven. Om de spoorstaven van Zuid-Beveland naar Walcheren te leggen, is een dam nodig. De herinnering aan dit soort hoogstandjes verwatert. De Sloedam ligt er nu nauwelijks opvallend bij. Slechts vanaf het spoor is hij nog te zien. De aanleg mag een forse ingreep geweest zijn, de treinreizigers staan daar niet bij stil.

GEHARD IN DE STRIJD 'Zij zou verkrijgen drie bogen, overwelfde kokers, elk wijd 18 voeten.' De Heeren van de Alblasserwaard en Tielerwaard hebben het in 1661 over de uitwateringssluis bij Dalem. Elf jaar later, wanneer de Fransen binnenvallen, vernielen de Heeren diezelfde sluis. De vijand gaat naar huis met natte sokken, want het hele omliggende gebied staat blank. De Eerste Hollandse Waterlinie heeft succes. In 1813 neemt Napoleon wraak. Maar spuiwerk Dalem overleeft de kleine veldheer en krijgt in 1998 een opknapbeurt.

↑AFSLUITDIJK

'NIET DE DEFTIGE AUTORITEITEN. NIET DE VERTEGEN-WOORDIGERS VAN DE 22 AANNEEMBEDRIJVEN. MAAR GRIETJE BOSKER, EEN BRUTALE BEWOONSTER VAN HET VOORMALIGE EILAND WIERINGEN, RENDE BUITEN HET PROTOCOL OM ALS EERSTE OVER DE DIJK. GRIETJE TILDE DE ROKKEN OP, TOT HOGER DAN HAAR MOLTON ONDERBROEK EN SAMEN MET EEN PAAR DIJKWERKERS, ELKAAR WANKEL ONDER-STEUNEND, STROMPELDE ZIJ ALS EERSTE VAN NOORD-HOLLAND NAAR FRIESLAND.'

AFSLUITDIJK

UIT 'ZUIDERZEE: DOOD WATER, NIEUW LEVEN'
MAX DENDERMONDE

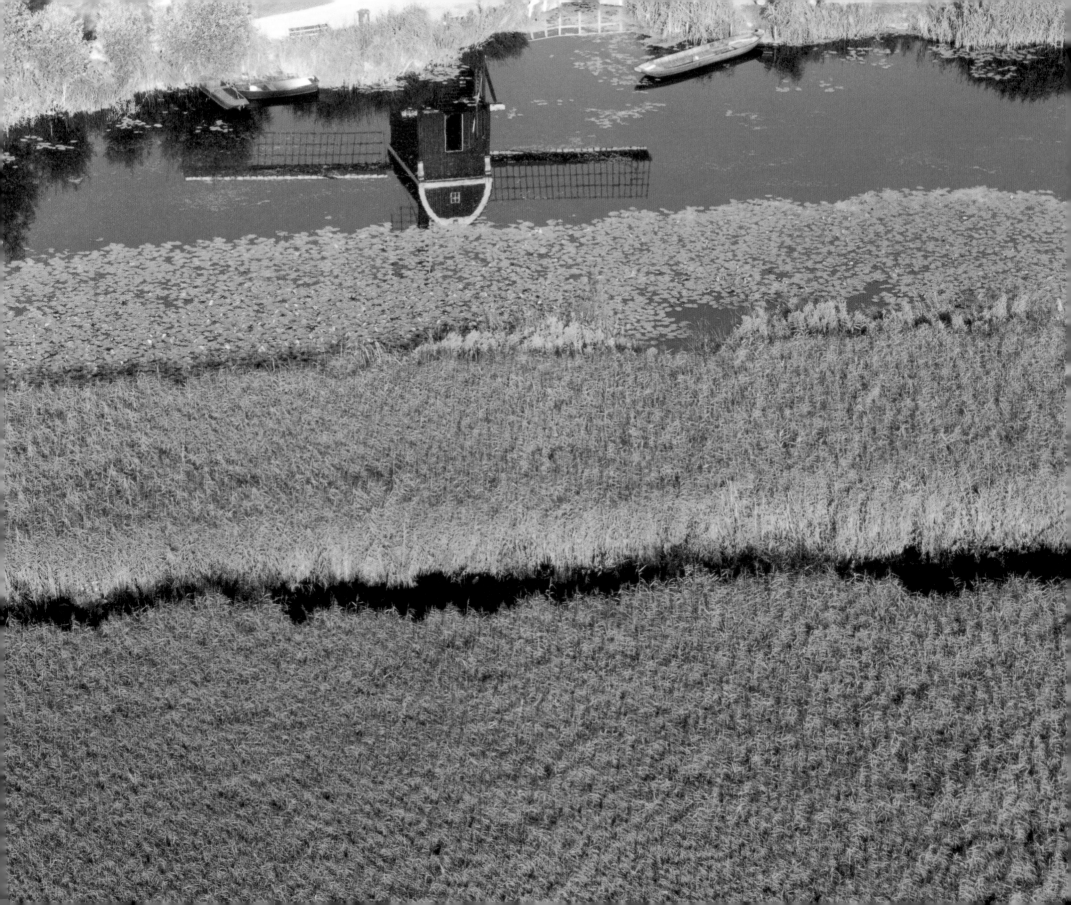

VERSTEKELING VREET AAN VEILIGHEID Lemmer heeft geen centje pijn. Daar loopt het houten zeewering geen gevaar, maar elders is er ruimschoots paniek rond het jaar 1760. De vijand komt per schip. Als verstekeling. De Oostindiëvaarders brengen niet alleen rijkdom maar ook de minuscule paalworm mee. Er is geen kruid tegen gewassen en ze hebben weinig anders in die dagen. Dus moet hout plaats maken voor steen. Dat betekent importeren, want aan stenen van hunebedden en gletsjers heeft Nederland al gauw te weinig bruikbaar materiaal.

ELEKTROTECHNICUS / PIET DEN OUDEN
EEN SIMPELE DRUK OP DE KNOP EN DAAR IS DIE MACHTIGE MUUR

'WE LAGEN OP HET STRAND BIJ VROUWENPOLDER, MIJN VROUW EN IK. OVERWELDIGEND WAS ZE, DE STORMVLOEDKERING. MOOI OOK. EN WAT WAS IK NIEUWSGIERIG NAAR DE WERELD VAN TECHNIEK IN HAAR BUIK. EVEN FANTASEERDE IK HARDOP HOE HET ZOU ZIJN OM DAAR TE WERKEN. EN TOEN DRAAIDE IK ME MAAR WEER NAAR DE ZON.

Een paar maanden later, op 4 oktober 1986, nam de koningin de kering in gebruik. En ik was erbij! Vliegtuigen met rood-wit-blauwe rookstaarten scheerden over ons heen. Die toeterende boten, die spuitende waterkanonnen: een dag om nooit te vergeten.

Ik herinner me ook nog de eerste keer: met een simpele druk op de neerknop groeide daar een machtige muur van zo'n 2,5 kilometer. Het water stootte z'n neus. Nerveus was ik niet. Ik ben een techneut, dus heb ik vertrouwen in de techniek. Zeker als elk systeem er dubbel of driedubbel in zit. Zo hebben we maar liefst tien dieselgeneratoren van elk 580 Kilowatt. De helft is al voldoende om de 62 schuiven, tussen de 300 en 450 duizend kilo elk, naar beneden te drukken.

Het Achtste Wereldwonder noemden ze onze kering. Dat wonder is er een beetje vanaf, maar de trots blijft. In het begin was ik vooral benauwd dat ik al die techniek niet in mijn hoofd kon krijgen. Nu vind ik het vooral jammer dat we veel onderhoud door aannemers laten doen. Wij houden voornamelijk toezicht. Okee, we hebben er een loonschaal bij, maar de hobby is afgepakt.

Het is misschien één keer per jaar nodig om de schuiven ècht te laten zakken. Voor de rest is het controleren, controleren en controleren. En af en toe proefdraaien. Twee keer per jaar bedotten we de vlotters die uitzonderlijk hoog water aangeven en de automatische noodsluiting in werking stellen. En twee keer drukken we zelf op de knop.

Zeeland kan gerust slapen. Stormvloed komt eigenlijk nooit onverwacht. Een dag van tevoren is er al een voor-alarm. Angst voor een doorbraak heb ik niet. Maar toch herinner ik me 25 januari 1990 nog. Een vreselijke storm. De kering hoefde niet dicht. We zaten hoog en droog in de controlekamer. En toen vloog zo ongeveer het halve dak eraf. De tegels zeilden door de lucht. Wat ben je dan klein...'

→

Piet den Ouden, elektrotechnicus Oosterscheldekering, wordt bij dreigende stormvloed als één van de eersten uit bed getrommeld. Een compleet beslisteam met beheerders, technici en water- en weerdeskundigen hakt de knoop door. Dan drukt Den Ouden op de knop, of gaat weer slapen.

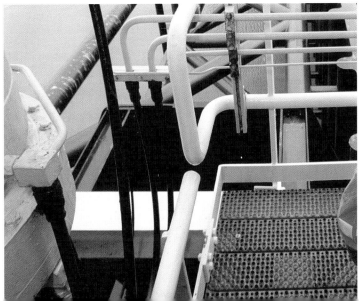
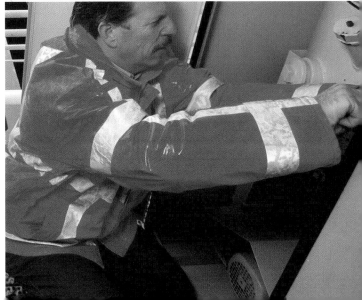

↑→ **GEMAAL LELY 045** ⇟

LELYSTAD

1866 eerste aanvraag drooglegging Zuiderzee
1891 ir. Cornelis Lely lanceert technisch doortimmerd plan
1929 de grondlegger van het latere IJsselmeer overlijdt
1932 de Afsluitdijk komt gereed
1942 Noordoostpolder valt droog
1957 54.000 ha Flevopolder valt droog
1967 op 2 oktober betreden de eerste bewoners Lelystad

→→ **UITERWAARD AAN DE BOMENDIJK, IJSSEL 072** ⤴

BOMENDIJK BLIJFT DIJK MET BOMEN De Bomendijk bij Voorst is zo'n beetje de oervader van onze rivierdijken. Duizend jaar oud heeft hij voorkomen dat half Gelderland nu uit blubber, moeras en water bestaat. Door zijn hoge leeftijd is de Bomendijk toe aan een opknapbeurt. Groenvrienden vrezen aanvankelijk dat dijkverzwaring de doodklap betekent voor natuurpracht. Van verzet tot dialoog. Van probleem naar oplossing: een damwandscherm zal de dijk verstevigen. Er hoeven weinig bomen het loodje te leggen.

→→ **PROEFPOLDER ANDIJK 043** ✳

ZOUT WERD HET NIET GEGETEN Een mislukt experiment kan onverwachte vruchten afwerpen. Dat blijkt in Andijk. 1800 meter zeedijk sluit in 1927 een proefpolder af. Nederland neemt proeven: gewassen telen op zoute grond. De operatie mislukt. Een andere bestemming voor de aangewonnen grond wordt gevonden in de recreatie. Inmiddels kan de gestresste stadsziel er tot rust komen in bungalowpark Grootslag. Een beetje meedeinen op de golven van het IJsselmeer of genieten van wat Andijk aan schoonheid te bieden heeft. Een zoet vertier, zo vinden de gasten.

WESP-KAPITEIN / JOHAN DE BAARE
MIJN ZEEMONSTER BRENGT BRAAF DE BODEM IN BEELD

'IK ZIE EEN REUZENINSECT. HET STAAT OP POTEN VAN TIEN METER EN LIJKT ME STRAK AAN TE KIJKEN. MOET IK DAT BEEST GAAN TEMMEN? STARWARS 3 LIJKT OPEENS HEEL DICHTBIJ. VOOR DE REST VERLOOPT MIJN KENNISMAKING MET HET NIEUWE MOBIELE MEETSTATION SOEPEL. IK KAN ER AL SNEL PRIMA MEE UIT DE VOETEN.

WESP heet-ie. Het lijkt een troetelnaam, maar is gewoon de afkorting van Water en Strand Profiler. En dat is precies wat hij doet: aangeven hoe het met golven, stromingen en zandverplaatsingen zit. Voor en na stormen kijken we bijvoorbeeld wat er op die grens van land en water gebeurt. Soms rukken we ook bij zwaar weer uit. Het is dan net alsof je op een dronken garnaal zit, die klapwiekend zijn weg zoekt. Maar verder is het een braaf beestje.

Het is ook een bijzondere ervaring de branding onder je door te zien rollen. En dan denk ik wel eens aan die mannetjes die daar vroeger het profiel van de bodem in kaart moesten brengen. Bij zwaar weer konden die het vergeten en dieper dan twee meter kwamen ze niet. Wij halen de acht meter. En onze elektronische aftasters zijn natuurlijk nauwkeuriger dan de traditionele lodingen. Al onze gegevens gaan via de voelsprieten van de WESP naar een satelliet en komen bij deskundigen op de wal terecht. Zij leggen de uitkomsten van gisteren naast die van vandaag. Dan zien ze precies wat weer, wind en tij onder water aanrichten. Handige kennis om het afbrokkelen van de kust tegen te gaan. En het schijnt zelfs dat ze de kracht van de zee willen gebruiken om stukken strand te restaureren.

Ik zwerf m'n hele leven op en rond de golven. Als kind ging ik al mee met de viskotter van pa. En mijn huis is het vroegere schip van een parlevinker, zo'n kruidenier voor binnenschepen. Eigenlijk wel logisch, dat ik op een dag bij Rijkswaterstaat aanspoelde. Op meetschip 'De Houtrak' verrichtten we kilometers uit de kust bodem- en dieptepeilingen. In feite doe ik nog steeds hetzelfde. Maar nu hoog bóven de golven met overal hobbels en bobbels op de loer. Dus een stuk spannender.

Na een klus rol ik weer richting strand. Dan begint de voorstelling van Starwars pas echt. Argeloze wandelaars zetten grote ogen op. Het is ook een raar gezicht zo'n monster te zien opduiken. Hun schrik valt wel mee, hun nieuwsgierigheid niet.'

Johan de Baare, eerste stuurman van de WESP, neemt onzichtbare helling op de zeebodem moeiteloos. Op het droge strand haalt zijn driepoot vijftien kilometer per uur. Best hard vindt hij, als je een meter of twaalf hoog zit.

'HAAR LEVEN WAS DE AFSLUITDIJK.' DE GRAFSTEEN VAN GRIETJE BOSKER VERDICHT HAAR BESTAAN TOT DAT ENE MOMENT. OP 28 MEI 1932, OM TWEE MINUTEN OVER ÉÉN IN DE MIDDAG, ZIET ZIJ HAAR KANS SCHOON. ALS EERSTE OVER DE DIJK.

De beheerder van de lunchroom bij het monument op de Afsluitdijk mag het sprookje van Grietje graag vertellen. Aan een ieder die het maar horen wil. De hele wereld krijgt hij over de vloer, busladingen vol. Laatst zelfs mensen uit de Himalaya. De Afsluitdijk als Mount Everest van de Lage Landen. Een hoogstandje in het waterbouwkundige verleden van Nederland. Zichtbaarder merkteken van het werk van Rijkswaterstaat bestaat niet.

De bewoners van het vlakke land sleutelen vanaf het prille begin aan hun natte omgeving. De Romein Plinius merkt het al op. Zijn beschrijving van terpen illustreert de voorzichtige start. De eerste dijken dateren uit de zevende eeuw na Christus. De uitvinding van de windmolen laat tot de zestiende eeuw op zich wachten. Sindsdien vullen 'droogmakerijen' als puzzelstukjes de talrijke blauwe gaten in de kaart van Nederland op.

Bestuur en beheer van de waterstaat berust van oudsher bij lokale heemraden en waterschappen. Grensoverschrijdende problemen krijgen echter te weinig aandacht, zo blijkt eind achttiende eeuw. De paalworm vreet aan de kustverdediging. Havenmonden slibben dicht. Drijvend ijs, samengeklonterd tot ijsdammen, veroorzaakt dijkdoorbraken langs de rivieren. Op 24 mei 1798 ziet het 'Plan ter Beheeringe van den Waterstaat der Bataafse Republiek' het licht. De aftrap van tweehonderd jaar Rijkswaterstaat. Aanvankelijk bestaande uit een president, een assistent, een technisch tekenaar en een amanuensis. Plus de zestien man tellende buitendienst.

De waterstaters van het eerste uur gaan het ijs met buskruit en dynamiet te lijf. Ook de organisatie is op militaire leest geschoeid, naar Napoleons voorbeeld. De aanleg van het Noordhollands Kanaal en de Haarlemmermeer zijn in de vorige eeuw opvallende ingrepen in de infrastructuur. Het zijn vaak rampen die de ingenieurs opzwepen tot kunststukjes van mega-formaat. In omgekeerde volgorde en met willekeurige reuzenstappen door de geschiedenis: Ruimte voor de rivier na de overstromingen van 1995. Het Deltaplan na de watersnood van 1953. En de Zuiderzeewerken na de stormvloed van 1916. Ook Grietje Bosker dankt er, op haar manier, het leven aan.

→VLOEDDEUREN IN ZOUTKAMP 008 ⇆

OUDJES HOUDEN DE ACHTERWACHT Soms zijn een paar uur respijt goud waard. Als bijvoorbeeld een superstorm de grote kering tussen Lauwersmeer en Waddenzee kraakt. De oude zeedijk bij Zoutkamp treedt dan als achtervanger op. De vloeddeuren van zijn drie monumentale spuisluizen gaan op slot. Omwonenden krijgen extra tijd om te vluchten. De kans op zo'n rampenscenario is bijna nihil. Vandaar dat het trio alleen nog voor de afwatering van het achterland zorgt. Eén keer per jaar sluiten sterke handen de sluisdeuren. Om te kijken of de oudjes nog soepel genoeg zijn.

→→KNARDIJK 076 ⇆

EEN GEDICHTE DIJK 'De wind was overal'. Deze dichtregel van Marga Minco staat gegraveerd in een kunstwerk aan het begin van de Knardijk. Het mag nog graag waaien op deze verbinding tussen oude en nieuwe land. Maar bouwverkeer duldt deze langste klinkerweg van Nederland niet meer. Wielrenners mijden hem. Ze rijden er te vaak lek. Gewone fietsers genieten er van de langzame overwoekering. Waarin nieuw land al een beetje oud kan zijn.

DE MEEUW, DIE VROEGER
OVER HET WATER VLOOG,
VERWONDERT ZICH;
HIER VIEL DE AARDE DROOG.
VERGANE SCHEPEN RUSTEN
IN MIJN KOREN.
IK BEN NIEUW LAND;
IK BEN MAAR PAS GEBOREN.

HET NIEUWE LAND

ED HOORNIK
FRAGMENT UIT
DE ELF PROVINCIES
EN HET NIEUWE LAND

←←LAUWERSDAM 010 ⇄

BETONNEN DOZEN De betonnen schoenendoos drijft in de Lauwerszee. 33 meter lang, 15 meter breed en 12 meter hoog. Zes slepers gebruiken de kentering van eb en vloed om het gevaarte op z'n plek te krijgen. 29 keer eerder is dat gelukt. Het caisson opent z'n kleppen, loopt vol water en zakt onder gejuich naar de bodem. Het staat, op de centimeter nauwkeurig, meteen zo vast als een huis. De dijk is dicht. Het is de laatste keer dat een Nederlandse zee tot meer wordt omgedoopt. Het Lauwersmeer is klaar voor de ontvangst van recreanten, militaire oefenaars en ongerepte natuur.

←←VLOEDDEUR DELFZIJL 003 ⇄

TOCH NOG GROEN LICHT De stoplichten op het haventerrein houden nog net de kop boven water: stormvloed dus. Weg groene licht. Toch is de stad veilig, want de vier poorten in de dijk zijn op slot. Zandzakken voor de kieren. Jarenlang sluiten ze de draaideuren in de grootste dijkopening met een landbouwtrekker. Een hele klus. Door aardgaswinning zakt de bodem in en moet de dijk hoger. Het aanbrengen van een nieuwe mechanische schuifdeur wordt in één moeite meegenomen. De doorgang voor voetgangers, het waterpoortje, sluit gewoon met een balk.

→NOLLENDIJK 182 ⇄

HAKKEN EN ZAGEN De zee baart zorgen. Zij hakt, bijt, graaft en slijpt. Is de dijk taai, dan pakt de zee de fundering. Als het ware zaagt ze de poten onder de stoel vandaan. Neem de Nollendijk. Ieder jaar probeert de Noordzee het opnieuw. Grond van het onderwatertalud schuift weg. Dijkval, in vaktaal. Met naai- en stopwerk blijft de Nollendijk overeind. Klaar voor de volgende aanval.

ACHTERDEUR OP SLOT Een miljoen mensen in Zuid Holland houdt bij stormvloed hun stoepje droog. Dat is de verdienste van de grote Maeslantkering in de Nieuwe Waterweg. Samen met zijn kleine broertje; de Hartelkering. Die staat een stukje verderop in het Hartelkanaal en gooit als het nodig is de achterdeur naar Zuid Holland op slot. Het Noordzeewater kan dan niet via een stiekeme omweg alsnog het achterland overspoelen. Een stevige dijk verbindt het duo.

TUSSENDEUR OPEN Soms betalen investeringen zich terug. Aan de Hartelkering in het Europoortgebied hangt een prijskaartje van negentig miljoen gulden. Door zijn komst kan een andere zeewering naar de sloop, die de scheepvaart danig in de weg zat. Er ontstaat een open verbinding tussen het Hartelkanaal en de zeehavens aan de Maasvlakte. Binnenvaartschepen kunnen zo direct opstomen naar de grote jongens. En aan dezelfde kade afmeren. Rechtstreekse overslag dus. Dat scheelt tijd en kosten.

NEDERLAND DAALT. IEDEREEN HEEFT DE MOND VOL OVER DE STIJGING VAN DE ZEE-SPIEGEL. MAAR WEINIGEN STAAN ERBIJ STIL DAT BODEMDALING VEEL HARDER AANTIKT. **EEN CENTIMETER PER JAAR, EEN METER PER EEUW IS NIKS BIJZONDERS.** AL HELEMAAL NIET IN WEIDE- EN POLDERLAND. DOOR KUNSTMATIG LAAG HOUDEN VAN DE WATER-STAND DROGEN KLEI EN VEEN UIT. ZE VER-SCHROMPELEN. BOVENLIGGENDE LAGEN DRUKKEN HET HELE ZAAKJE IN ELKAAR. INKLINKEN IS DE NAAM VAN DIT PROCES DAT GEEN WEG TERUG KENT. BESCHEIDEN BEMALING EN EEN HOGER PEIL VAN HET GRONDWATER KUNNEN VERDERE DALING VOORKOMEN. DIT HEEFT ECHTER Z'N WEER-SLAG OP HET GEBRUIK. VEETEELT MOET IN ZO'N GEVAL EEN STAPJE TERUG DOEN.

INKLINKEN

INGENIEUR LELY STAAT HOOG OP ZIJN VOET-STUK OVER ZIJN DROOGGELEGD IJSSELMEER TE TUREN. TOCH KRIJGT HIJ BIJ ONGEWIJZIGD BELEID OOIT NATTE VOETEN.

VAN ZEE TOT ZANDBAK 'Bij een natuurlijk waddengebied horen kwelders. Maar alle inhammen zijn afgesloten voor landwinning. Dat zit de Nederlander kennelijk in het bloed. De hele Zuiderzee is op die manier dichtgetimmerd.' Volgens Frieslandkenner Durk Reitsma is dat zo ongeveer de grootste ecologische ramp die de mens heeft veroorzaakt. 'Zo is van de hele Waddenzee een rechthoekige zandbak gemaakt.'

←←**KEERSLUIS KADOELEN 038** ⊿   ↑→**DE OOSTVAARDERSPLASSEN 078** ♫

OP Z'N PLEK GEZET Jarenlang verkocht als wereldvondst, de stormstuw bij Kadoelen. Ron van der Bijl van het waterschap Wold en Wieden zet het zaakje met beide voeten op de grond: 'Handige Hollandse zuinigheid.' De stormkering maakt een dure en zware dijk overbodig. Drie van de vier sluizen zijn permanent dicht. De vierde laat de scheepvaart in de zomer ongehinderd passeren. Bij opstuwend water zet een kraan de laatste deur op zijn plek.

TOEVAL BESTAAT Flevoland is droog,1968. In het lege land raakt de horizon langzaam maar zeker voller. Het laagste punt blijft nog even braak liggen. Wachtend op een industriegebied. De natuur wacht niet. Vreemde vogels komen en blijven. Vogelaar Tuijnman raakt niet uitgekeken. Hij wil dat de geplande spoorlijn niet dwars door het gebied loopt, maar er omheen. Toeval wil dat de vogelaar minister van Verkeer en Waterstaat is. Een natuurmonument ziet het licht.

OOSTVAARDERSPLASSEN KENT NAAST GROTE GRAZERS 250 VOGELSOORTEN. EEN TELLING:

Aalscholver 6330 / Lepelaar 230 / Bruine Kiekendief 51 / Blauwborst 650 / Heckrunderen 450 / Konikpaarden 350 / Edelherten 300

'HET HALVE DORP STOND IN '95 OP DE DIJK NAAR HET STIJGENDE WATER TE KIJKEN. HIJ WAS INEENS MINDER LELIJK EN BEST VEILIG. TOCH MOETEN ZE NOOIT MEER ZO'N HORIZONVERVUILER BOUWEN' PIETER HUIJSMAN, GEMEENTESECRETARIS IN BRAKEL, EEN GELDERS WAALDORP. ONDANKS VEEL VERZET KWAM ER EEN VAN DE LAATSTE WATERKERINGEN OUDE STIJL.

ER BROEIT IETS. HET KWIK KLIMT. DE ZEESPIEGEL OOK. RIVIEREN GAAN OVER DE RAND. IN 1993 EN 1995 VOELT NEDERLAND AL NATTIGHEID. HOOGSTE TIJD OM ANDERS NAAR HET WATER TE KIJKEN. En dan nu: de Erwin Kroll van 2050. 'Het is warm. De afgelopen halve eeuw is de gemiddelde temperatuur 0,5 tot 2 graden gestegen. We zijn gewend aan hittegolven. Ze duren langer en zijn heftiger dan vroeger. Er valt zo'n twee tot vijf procent meer neerslag. Met uitschieters tot wel twintig procent tijdens langdurige, zware buien in de winter.'

Het Koninklijk Meteorologisch Instituut heeft aan de toekomst geproefd. Internationale klimaatstudies onderstrepen de voorspelling: Nederland wordt natter. De kust kan wel een stootje hebben. Alle dijken zijn inmiddels op Delta-hoogte. Stijging van de zeespiegel werd daarbij ingecalculeerd. Ook voor de duinenkust is er een betrouwbare oplossing. Regelmatig een extra slijtlaag ertegenaan. Duur maar afdoende.

De rivieren baren de meeste zorgen. Nu al stijgt het water het land langs de Maas en Waal regelmatig tot de lippen. De watersnoden van '93 en '95 illustreren dat. Ze kwamen als een overval. De vinger moet daarom dichter aan de pols. Meetsystemen slimmer en verfijnder maken. Dat staat hoog op de agenda. Sinds kort is er een systeem dat hoog water in de Maas voorspelt. Het kijkt onder meer naar neerslag-gegevens van de Belgische Ardennen. Die kunnen vertellen wat Nederland te wachten staat. Het bankstel gaat zonodig een dagje eerder naar de zolder.

De computer van de zoetwater-experts van Rijkswaterstaat, voedt zich ook met waterhoogten. Zeventig Europese meetstations leveren de gegevens. De software berekent de verwachte waterstanden op alle mogelijk plaatsen in Nederland. Hoogwater. Een topdag: twaalfduizend kubieke meter water dendert per seconde door een rivier als de Rijn. Goed voor 342 tankwagens. De maximale capaciteit bedraagt 16.000 kuub. Het is de kunst om deze plas zonder morsen naar zee te loodsen. Moet bij droogte meer water de IJssel in? Dan in de Nederrijn een stuw neerlaten. Rijkswaterstaat draait aan de kraan.

Het blijft natte vingerwerk, een verantwoorde gok. De weervoorspellers houden een slag om de arm. Het klimaat verandert vooral onder invloed van de mens. Kijk maar naar het broeikaseffect. En wat is onvoorspelbaarder dan de mens? Beheerders van rivieren kiezen daarom voor flexibiliteit. Denken bijvoorbeeld aan retentiebekkens. Niets anders dan reserve-badkuipen. Daarin kun je bij extreem hoog water overschotten tijdelijk opvangen. Tegelijk is het een aantrekkelijk natuurgebied. Die nieuwe woonwijk of dat industrieterrein moeten dus maar ergens anders komen.

KANTJE BOORD Schots en scheef liggen de caissons in de dijk. Stille getuigen dat Ouwerkerk ternauwernood is gered. Najaar 1953. Zeeland werkt met man en macht aan herstel van de kustverdediging. Handen schieten te kort om de betonnen kolossen op hun plek te houden. Het ruige water walst er onderdoor. Zware zinkstukken voor de caissons helpen niet. De stroming speelt met de blokkade. Domweg dumpen, tot het gat dicht is, vormt het laatste redmiddel. Fraai is het niet, maar daar is niemand rouwig om.

WEERGODEN BEZORGEN KERING ZWARTE PIET Rust roest niet. Juist beweging zorgt voor problemen bij de Oosterscheldekering. Koud water zorgt voor krimp, de zon voor uitzetting. Omdat de beschermlaag veel sneller reageert dan het staal, treden in die laag scheurtjes op. Roest laat niet op zich wachten. In 1992, koud tien jaar na de ingebruikneming, komt deze aan het licht. Dat betekent een nieuwe huid voor dertig van de 62 schuiven. Een grijze coating dit keer, want zelfs een kind weet dat zwart warmte aantrekt.

INPAKKEN EN WEGWERKEN De waterkering in de Haringvliet heeft 34 deuren. Elk 60 meter lang, 12 meter hoog, 2 meter dik. Als ze een likje verf nodig hebben, is dat een hele operatie. Ze worden van kop tot teen ingepakt in een tent. Dat heeft een goede reden: lucht en water voor vervuiling behoeden. Elke schuif is bij een opknapbeurt namelijk goed voor 20.000 kilo verfafval en 500.000 kilo staalgrit. Vermenigvuldig dat maar eens met vierendertig.

HELP, DE DOKTER VERZUIPT Een boek, een film en bijna werkelijkheid. In 1980 bouwt Venlo het Sint Maartens Gasthuis. De kans dat de Maas op die plek buiten haar oevers treedt, is één op de zeventig. De bouwers nemen die gok. In 1995 moet het leger uitrukken om artsen en verpleegkundigen naar het ziekenhuis te brengen. Er staat water in de kelder. De rivier pakt de ruimte die het beleid haar nu het liefst zou geven. In Roermond is dat handiger opgelost: de recreatiewoningen drijven er gewoon.

TE MOOI OM WAAR TE WORDEN 'Tienduizenden evacuaties na overstroming Stadsblokken.' Rijkswaterstaat moet aan dit soort krantenkoppen niet denken. Op de tekentafel ligt een Arnhemse wijk van dertigduizend woningen. De plannen spreken van een mooie ligging bij het water. In de uiterwaarden van de Rijn. Te mooi om waar te zijn. Dat wordt soms een mooie ligging in het water. Tot halverwege de voordeur of zo. Zo'n wijk is echter vooral een obstakel voor al dat afkomend water. Nee dus, zegt Rijkswaterstaat dus. Dag rampenplan, welkom speelveld voor de rivier.

GERICHT GRAVEN Een hoovercraft vol apparatuur brengt de rivier in kaart. Als een zucht glijdt het gevaarte over de ondiepe Maas. Sensoren meten de afstand tot de bodem. Een kralenketting van elektroden plonst in het water. Stroomstootjes weerkaatsen in de klei- en zandlagen. De computer maakt er een driedimensionale tekening van. De verschillende bodemsoorten in de Maas zijn zichtbaar. Daarna kan het graven beginnen. Kleilagen weg, uiterwaarden verdiepen en een breder winterbed. Ruimte voor de rivier noemt Rijkswaterstaat het. Een goede afvoer is van levensbelang.

Mien Oterdum, woar bis doe bleev'm
'k Heb wins van die, ol dörp van mie
Doe bist nou vôt, ik bleef in leev'm
'k Wil die baide hannen geev'm
Die scheurd' ik die weer overend
Din ruip ik man en vrouw en kind:

Komt aal weerom en leef hier weer!
Din dut 't haart ja nait meer zeer
Din was doar nait dat laand vol zaand
Din was doar nait dij kôlle haand
Op koale diek mit olle zaark'n
En elk kon weer zien grond bewaark'n

Het kriebelt mie aal doag in 't bloud:
Is dit nou mooi? Is dit nou goud?
Ik zai 't hoast ale nacht'n weer,
Mor 's mörns...is Oterdum nait meer
Her snid mie doaglieks deur de ziel
Dij groothaidswoan van 't klain Delfziel

MUISGRIJZE MANEN WAPPEREN IN DE WIND. TUSSEN BLOEIENDE BLOEMEN EN FLADDERENDE VLINDERS GRAAST DE OEROS IN DE UITERWAARD. HET WORDT WEER FIJN LANGS DE RIJN. De rivier lijdt lange jaren aan een identiteitscrisis. De mensen hebben een kanaal van haar gemaakt. Met dijken en dammen aan haar oevers. Er staan woningen, fabrieken en zelfs scholen in de uiterwaarden. Ze is gedegradeerd tot bevaarbaar riool. Maar een rivier laat zich niet in een corset persen. Dat hebben ze geweten, de Nederlanders. In 1995 moeten tweehonderdduizend bewoners van het rivierenland drogere oorden opzoeken. De overstroming blijkt een hersenspoeling. Inspiratiebron van waterbeheer nieuwe stijl. Versnelling vooral.

Grote rivieren zijn straks – als het goed is – groene slagaders. Veilig bevaarbaar voor schepen. Gezonde leverancier van drinkwater. Kritische bondgenoot van boer en tuinder. Vrijplaats voor natuur en recreatie. En minder gevaarlijk bij hoog water. Integraal waterbeheer, zo heet het concept dat dit alles combineert. Bewegingsvrijheid voor de rivier, zo pakt dat in de praktijk uit. Aan de Rijn zijn de eerste voorbeelden al zichtbaar. Bredere boorden bieden plek voor natuurlijke ontwikkeling. In de uiterwaard bij de Gelderse Poort grazen Konik-paardjes en Galloway-koeien. Het nieuwe rivierbeleid is een infuus voor ten dode opgeschreven planten- en diersoorten. De weidebeekjuffer, het buidelmeesje, veldsalie, spindotterbloemen; ze zijn er weer. Zelfs de kwak, die fraaie vogel, laat zich geregeld zien.

Belangrijk is speelruimte voor het afgaande water. Waar dat kan, gaan de zomerdijken neer. Geen obstakels in de vorm van bebouwing of dichte plantengroei. En terug ook naar een wirwar van natuurlijke kreekjes en waterloopjes. Weghalen van eeuwendikke lagen klei maakt dat mogelijk. Rond de Maas is dat te bezichtigen. Nadat de onderlagen nauwkeurig in kaart zijn gebracht, verschijnt een drijvende kraan. Met een gigantische roterende borstel veegt hij alle klei weg. Hap voor hap verdwijnt deze in de buik van het schip. Onvervuild wil de industrie er goed geld voor betalen. Voor verontreinigde afzettingen wordt een roemloos graf gegraven. Onderliggend zand en grind blijven op hun plek. De ideale voedingsbodem voor plant, dier en recreant. En als de watersnood aan de man komt, vormt het nieuwe winterbed een ruim opvangbassin. De rivier mag er weer zijn.

EEN DORP TER ZIELE De zeedijk langs de Eems krijgt, als onderdeel van de Deltawerken, verzwaring. Delfzijl ziet tevens kans voor grootscheepse havenplannen. Voor dit alles moet een heel dorp wijken. Oterdum verdwijnt van de kaart. Een paar oude grafzerken vinden een nieuwe rustplaats op het topje van de dijk. Een herinnering, in steen gehouwen. Een dorpsbewoner beitelt zijn boosheid in plaatselijk dialect. Dit gedicht past prima bij de zerken.

LASERSTRALEN ZOEKEN OUDE KREKEN Simpel licht brengt de oplossing. Onder de Polder Maltha ligt een karakteristiek geulensysteem uit 1850. De moeite waard om bloot te leggen. Maar de oude landkaarten geven te weinig zekerheid. Laseraltimetrie biedt uitkomst. Vanuit een vliegtuig schieten laserstralen naar de grond. De bodem weerkaatst ze. Op een computerscherm in het vliegtuig verschijnt een digitaal hoogtebeeld van de polder. In de lage delen moeten de kreken hebben gelegen. Het graafwerk kan beginnen.

ALLES WAT TE VEEL IS, KAN JE DWARS ZITTEN. ZO OOK OVERTOLLIG WATER. HET LAGE POLDERLAND HEEFT DAARVAN SNELLER LAST DAN HOGERE GEBIEDEN. DE BOEZEM BIEDT UITKOMST. DAT IS WEINIG MEER OF MINDER DAN EEN VERGAAR-BAK: PLASSEN, TOCHTEN, KANALEN EN SLOTEN WAAR DE POLDER Z'N TEVEEL AAN VOCHT KWIJT KAN. MOLENS EN POMPEN TILLEN HET WATER ERNAARTOE. IN NATTE PERIODES STAAT DE BOEZEM HOOG EN IS HET SOMS NIET TOEGESTAAN EROP TE LOZEN. MAAR PAK DAN DE ZOGEHETEN VRIJE BOEZEMS. WATER IS ALTIJD WELKOM.

BOEZEM

VERANTWOORD VERVOER / 2

ZIJN VIJF KINDEREN VRAGEN AANDACHT. ZIJN BOERDERIJ HOUDT HEM VOLOP BEZIG. EN NOG HEEFT FRANS FLEUREN ENERGIE TEVEEL. STILZITTEN LAAT HIJ GRAAG AAN ANDEREN OVER. ZIJN HANDEN VINDEN ALTIJD WEL WAT TE DOEN. GRAVEN, BOUWEN, TIMMEREN. EEN EXTRA STAL STAAT ER IN EEN VLOEK EN EEN ZUCHT. OOK EEN MINICAMPING. LEUK. TOT DIEP IN DE NACHT MET DAT STUDENTENSPUL DOORKLETSEN OVER LUST EN LEVEN. EN DAN DE VOLGENDE OCHTEND GEZOND WEER OP. ZESTIG KOEIEN MELKEN. PLUS ZESTIG KALFJES EN DUIZEND VARKENS VERZORGEN. SAMEN MET DE VROUW. DE VOERSILO IS ALTIJD GOED GEVULD. DAT ER SOJABONEN INZITTEN DIE MET ALLERLEI SCHEPEN HELEMAAL UIT BRAZILIË KOMEN, INTERESSEERT HEM GEEN BIET. DAAR IS HIJ GEEN DAG VAN Z'N 45 JAAR MEE BEZIG. VEEVOER KOMT TOCH GEWOON UIT DE FABRIEK?

EEN ZONNIGE ZONDAGAVOND IN DE ZOMER VAN 1978. VOOR HET EERST BEREIKT HET MONSTER EEN GEWONE SNELWEG: EEN FILE. DE VAKANTIEPIEK ZORGT VOOR EEN VIJFTIG KILOMETER LANG AUTOLINT LANGS MAARN EN BODEGRAVEN. IN DE TWINTIG JAAR DAARNA VERANDERT DE FILE VAN TOEVALLIGE BEZIENSWAARDIGHEID IN DAGELIJKS PROBLEEM. ONUITROEIBAAR, ZO IS DE VOORLOPIGE VERWACHTING. MAAR MET VEREENDE KRACHTEN IS DE OMVANG TERUG TE DRINGEN EN ZIJN DE NADELIGE EFFECTEN IN TE DAMMEN. Vanaf 1983 houdt het Korps Landelijke Politiediensten de filemeldingen nauwgezet bij: aantal, lengte, duur, oorzaak. Soms toont het register een extra zwarte bladzijde. Zoals op 12 oktober 1992. Tussen Den Bosch en Amsterdam staan over 97 kilometer de auto's anderhalf uur lang vrijwel stil. De langste file ooit. Maar uitzonderingen bevestigen slechts de regel. En de gebruikelijke situatie wordt steeds zorglijker. Het eerste jaar van de fileregistratie bedraagt hun aantal bijna vijfduizend. In 1997 loopt dat op tot 15.895. De ergernis en het economisch verlies groeien mee.

Nood maakt vindingrijk. Op tal van fronten ontstaan initiatieven om de verstoppingsproblemen aan te pakken. Daarbij is duidelijk dat het heil niet te verwachten is van alsmaar uitbreiden van wegen. Het gaat vooral om een betere benutting. Minder mensen en vracht in auto's, opstoppingen sneller verhelpen, minder in de spits de weg op, een doordachtere keuze door betere informatie aan weggebruikers: oplossingsrichtingen waaraan gelijktijdig gedokterd en gesleuteld wordt. Samenwerking staat daarbij centraal. Rijkswaterstaat vormt slechts één schakel op de weg naar een duurzame bereikbaarheid. De gemeenschappelijke inspanning is fors en breed: andere onderdelen van het Ministerie van Verkeer en Waterstaat, andere ministeries, provincies, gemeenten, het bedrijfsleven, universiteiten, onderzoeksinstituten, politiediensten, belangenorganisaties en – niet te vergeten – burgers. Deze laatste groep ontvangt steeds vaker de uitnodiging mee te denken, verlangens tastbaar te maken, oplossingen op hun waarde te schatten.

De file-aanpak heeft – nu en straks – vele gezichten. Bij knelpunten kunnen automobilisten door toeritdosering slechts mondjesmaat de snelweg op. Er zijn aparte rijstroken voor speciale doelgroepen zoals vrachtauto's, bussen en carpoolers. Wie in de spits op drukke trajecten wil, betaalt daar met rekening rijden de prijs voor. Een inhaalverbod voor vrachtwagens vergroot tijdens de spits de doorstroming en lokt hen bovendien naar rustiger tijden. Verbetering en ondersteuning van het vervoer over water zorgt voor honderdduizenden vrachtritten minder. Auto's krijgen een automatische piloot, waardoor er meer tegelijk over eenzelfde stuk weg kunnen. Wegen passen zich aan het verkeersaanbod aan door bijvoorbeeld hun aantal rijstroken te vergroten.

Voor elektronica is in tal van oplossingen een sleutelrol weggelegd. Ze ondersteunt de weggebruiker, voedt de beleidsmakers met actuele informatie en helpt Rijkswaterstaat met het regisseren van vervoersstromen.

BEJAARD TROETELKIND Het hekje biedt slechts symbolische bescherming. De oude eik staat veilig tussen de geleiderails. Als de wegenbouwers in 1989 de A58 aanleggen, houden ze een plekje voor hem vrij. Nu is de bejaarde een troetelkind. Een speciaal daarvoor aangelegd buizensysteem zorgt ervoor dat het de eik in droge perioden aan niets ontbreekt. Duizend liter water en voeding gaan in één keer direct naar de wortels. Kom daar in een bos maar eens om.

REKENING MET MINDER KOSTEN In Frankrijk kijkt niemand er van op: betalen voor bereikbaarheid. Nederland is nog sceptisch. Rekeningrijden roept vragen op. Zakkenvullerij, roepen tegenstanders. Maar proeven leren dat het als medicijn tegen files doeltreffend kan zijn. Betalen voor rijkswegen zal zo'n vijftien procent van de automobilisten doen zoeken naar alternatieven. Dat scheelt zeker veertigduizend wagens in de spits. Het bedrijfsleven kan weinig anders dan blij zijn met minder stilstaand verkeer. Dat is immers goed voor een kostenpost van anderhalf miljard gulden per jaar.

RITSEN KUN JE LEREN. ROTTERDAMMERS HEBBEN DAAR LES IN GEKREGEN. ZE HAD-DEN ER ZELF OM GEVRAAGD. HET INVOEGEN OP DE SNELWEGEN GAAT HEN NU SOEPELER AF. DE KANS OP ONGELUKKEN EN FILES IS WEER IETSJE MINDER. Alle klei-

ne beetjes helpen. Vanuit die gedachte werkt Fileplan Regio Rotterdam. Rijkswaterstaat en Stadsregio Rotterdam sleuren daar gezamenlijk aan. Een stortvloed aan maatregelen moet de groei van de opstoppingen ombuigen. Spitsbussen, extra Intercity's, veerdiensten, nieuwe fietspaden, lease-fietsen, carpoolplekken, thuis werken, verschoven arbeidstijden: vruchten van de nieuwe aan-pak. Meteen merkbare resultaten, zo luidt de opdracht. Dat lukt. Het eerste jaar na de start van de reeks praktijkproeven is al een daling van zo'n tien procent waar te nemen. Zo'n percentage vertelt iets over de files waar je – als het ware – de klok op gelijk kunt zetten. Daarnaast zijn er de onver-wachte opstoppingen die vooral snel verholpen moeten worden.

De denkkracht van burgers en bedrijven en maatschappelijke organisaties is welkom. Het ritspro-ject is bijvoorbeeld een rechtstreeks gevolg van gesprekken met automobilisten. Deze weten vaak niet op welke plek ze het best van strook kunnen wisselen. Bij doorrijden tot het einde van de invoegstrook zijn ze bang dat ze klem komen te zitten. En ze willen niet voor agressieve rijders ver-sleten worden. Voorlichting helpt. Net als het serieus nemen van de mening van weggebruikers. Extra markeringen op de weg vinden ze bijvoorbeeld maar verwarrend. Waarschuwings- en infor-matieborden in de berm vinden in hun ogen wél genade.

De filebestrijders vragen geregeld naar de mening en ervaringen van forensen, buurtbewoners en vrachtwagenchauffeurs. Ook via Internet kunnen zij hun stem laten horen. Tal van ondernemingen zijn inmiddels eveneens actief betrokken bij het gevecht tegen de files. Er zijn samenwerkingsover-eenkomsten met de verschillende bedrijventerreinen. De overheid steunt verbeteringen met maat-regelen, geld en goede raad. Bedrijven doen op hun beurt wat terug. Zij zorgen bijvoorbeeld dat er minder mensen met de auto naar het werk komen. Of dat ze minder autoverkeer in de spits ver-oorzaken. Op die manier kunnen bijvoorbeeld Schiedamse bedrijven een speciale vergunning krij-gen. Onmiddellijk na de Beneluxtunnel mogen hun vrachtauto's daarmee de afrit van de bus nemen. Een korte doorsteek die al gauw een half uurtje tijdwinst oplevert. Minder auto's in de spits betekent uitstel of zelfs afstel van files. Tien procent minder verkeer verlaagt de kans op opstop-pingen met veertig procent. Dus sprokkelt de Rotterdamse regio snel de noodzakelijke procenten bij elkaar. Als de automobilist dan ook nog weet welke reistijd hem te wachten staat, heeft het fileplan aan z'n verwachtingen voldaan. De rest van Nederland kan daarvan profiteren.

WEG MET DE ERGERNIS OP DE WEG Onvoorspelbaar oponthoud levert meer ergernis op dan dagelijks terugkerende files. Daarom haalt de regio Rotterdam bij ongelukken het gekneusde blik meteen van de weg af. In de spits staan op slimme plekken takelwagens in de startblokken. De automobilist hoeft op deze manier z'n geplande reistijd niet te veel te overschrijden. Informatieborden met daarop de verwachte duur van het oponthoud masseren ook nog wat irritatie weg.

MET STIP OP DRIE Amerika is het land van de auto's. Daar hebben ze dan ook ruimte en afstand. Nederland en Denemarken zijn kleine landjes. Toch vormen ze met dat grote Amerika de top drie van gereden autokilometers per persoon per jaar.

Denen:	18.716 km
Amerikanen:	17.862 km
Nederlanders:	16.600 km
Engelsen:	16.000 km
Fransen:	14.535 km

SLIMMERIKEN BLIJVEN EEN UURTJE LANGER WERKEN. EERDER WEGGAAN MAG OOK. FILES ONTWIJKEN IS GEEN KUNST MEER. EEN KWESTIE VAN MONICA'S WEBSITE IN DE GATEN HOUDEN. Sneetje in het asfalt, kabeltje erin. Nog voor het jaar 2000 zijn alle snelwegen onder het mes geweest. Detectielussen in het wegdek zijn de filemelders van de toekomst. Op 700 plaatsen in het land leveren glasvezel en koperdraad in de weg informatie over de verkeersdrukte. Zodra een auto over zo'n lus heenrijdt, gaat er een signaaltje naar Monica. Geen omroepster van de verkeerscentrale in Driebergen, maar een supersnelle computer. Monica rekent, tekent, analyseert en adviseert. Op haar eigen website op Internet toont ze landkaartjes, waarop kleuren vertellen hoe duizenden auto's zich verplaatsen. Van veilig groen naar file-rood. Om de paar minuten een actueel verkeersoverzicht, zonder dat er een mensenhand aan te pas komt. Iedere automobilist die een lus passeert, laat daarmee zijn sporen na op Internet.

Monica voorziet ook verkeersposten in het land van hapklare informatie. Deze voeden borden boven de weg met verse gegevens, van seconde tot seconde.

In de strijd tegen de file gebruikt Rijkswaterstaat ook onschuldige spionnen. In auto's van vrijwilligers zitten kleine satellietzenders, die iedere tien seconden de eigen positie, snelheid en rijrichting noteren. Niet om de bestuurder te schaduwen, maar om informatie door te spelen over de verkeersdrukte. Floating Car Data heet het systeem. Elke vijf minuten bliept de auto de reeks gegevens door naar een verkeerscentrale in de buurt. De bestuurder hoeft daar niets voor te doen. Een computer krijgt zo een beeld van de situatie op de weg en de tijd die nodig is om een route af te leggen. Het resultaat: niet alleen de melding dat er bij Ridderkerk nog vijf kilometer file staat, maar ook de aankondiging 'Over tien minuten kunt u daar weer doorrijden'.

→→ TUNNELBAK, AMELISWEERD 094 ⊠

GEDAANTEWISSELING Nederland kent aan het begin van deze eeuw nog geen geasfalteerde rijkswegen. Een inventarisatie uit 1908 van rijkswegen en hun toplaag: klinkers: 1197,8 kilometer/klei: 222,9 kilometer/grind en steenslag: 469,8 kilometer. De rijkswegen negentig jaar later: klinkers: 0 kilometer/klei: 0 kilometer/grind en steenslag: 0 kilometer

ZWEETHOND SPEURT Het is een heus ongeluk. En de schade is al gauw drie- tot vijfduizend gulden. Naar schatting zijn er jaarlijks zo'n zesduizend aanrijdingen met grofwild: reeën, herten en wilde zwijnen. Soms overleeft het aangereden dier en vlucht. Lang niet altijd melden automobilisten dit. Zij weten niet dat bij de Wegenwacht een zogenaamde zweethondenlijst ligt. Zo'n hond volgt het zweetspoor van gewond wild. Een jager helpt vervolgens het dier of verlost het uit z'n lijden.

'DE WEG VAN DE MEESTE WEERSTAND. DAT IS VOOR MIJ HET STUKJE ASFALT DOOR LANDGOED AMELISWEERD. DERTIEN JAAR IS GEKNOKT VOOR HET BEHOUD VAN DAT PLUKJE BOS. EN OP DE DAG DAT DE RECHTER IN VOL ORNAAT DE ZAAK BEHANDELDE, RONKTEN DE MOTORKETTINGZAGEN VAN RIJKSWATERSTAAT AL. SCHANDE! MAAR OOK ZO'N ORGANISATIE WORDT DOOR SCHADE EN SCHANDE WIJS.' JOURNALIST EN TELEVISIEMAKER CEES GRIMBERGEN KOOS INDERTIJD DE ZIJDE VAN DE MILIEU-ACTIVISTEN. VOLGENS HEM VOCHTEN DEZE NIET ALLEEN VOOR HET BEHOUD VAN DE NATUUR, MAAR OOK TEGEN DE ARROGANTIE VAN DE MACHT.

NIEUW LAND, NIEUWE VERVOERSSTROMEN, EEN NIEUWE VERBINDING. DE STICHT-SE BRUG OVER HET EEMMEER HEEFT EEN ZUSJE: DE TWEEDE STICHTSE BRUG. DE BOUWERS BLIJKEN FANTASIERIJKER DAN DE NAAMGEVERS. De bruggenbouwers maken voor het eerst gebruik van Hoge Sterkte Beton. Werkenderwijs verkennen zij de mogelijkheden en grenzen van het nieuwe materiaal. Het is niet alleen sterker. Het verhardt sneller, vergt minder bouwtijd, is in grotere stukken tegelijk te leggen, belooft onderhoudsvriendelijk te zijn, laat geen water toe tot de stalen bewapening in z'n binnenste en vraagt minder grondstoffen. En bij een mogelijke sloop in de verre toekomst is het restmateriaal meer waard dan dat van gewoon beton. Kortom: een belofte.

Op 29 november 1983 is het feest. Flevoland krijgt met de eerste Stichtse Brug een vaste oeververbinding met het Gooi. Maar er is nog een schaduwrandje. Op het Nieuwe Land aangekomen houdt de snelweg gewoon op. Het verkeer sloft tweebaans de polder in. Een beetje mager voor een provincie die duidelijke groeigevoelens heeft en een soepele schakel wil zijn tussen het noorden en het midden van Nederland. Van meet af aan is dan ook rekening gehouden met een snelweg naar Lelystad. Daar hoort dan ook de aanleg van een extra brug bij, met dezelfde afmetingen als de eerste. Toch is dat geen kwestie van domweg kopiëren. De ervaringen met het gebruikte lichtbeton zijn niet om over naar huis te schrijven. Het Hoge Sterkte Beton biedt uitkomst. Feitelijk een opgevoerde betonsoort met meer cement en minder water. Er zitten geen gladde kiezels in, maar gebroken grind. Om dit tamelijk stugge mengsel te verwerken, zijn plastificeerders toegevoegd. En de chemische krachtpatser silica fume zorgt voor een sterke binding van cement en zand. Het kan uitzonderlijke drukspanning aan. Handig voor een brug met een vrije overspanning van 160 meter. Alleen al het eigen gewicht slokt dan immers een flink deel van de aanwezige sterkte op. Het nieuwe beton leent zich goed voor het bouwen van grote overspanningen, zonder steigers of ondersteunende constructies. Vanuit de pijlers komt er steeds een stuk overspanning bij, in moten van vijf meter.

Dezelfde techniek en hetzelfde materiaal past Rijkswaterstaat toe bij de nieuwe Dintelhavenbrug. Met 190 meter hoofdoverspanning een nog grotere uitdaging. Door het ontbreken van een middenpijler krijgt de scheepvaart het makkelijker. En het opkrikken van de doorvaarthoogte tot 12,5 meter geeft straks ook de grote jongens moeiteloos de ruimte. Voor het wegverkeer zijn vier rijstroken beschikbaar. De economisch zo belangrijke Maasvlakte is dan volwaardig met de rest van de wereld verbonden.

GEEL IS GOED Een geelverlichte buis op de vangrail moet levens redden. En in elk geval een vlotte doorstroming bevorderen. Op het Prins Clausplein is de afrit naar Rotterdam een geduchte plek. Ongelukken en files. Regelmatig knallen daar namelijk auto's met honderd kilometer tegen de geleiderail. De bocht niet op tijd gezien. De adviessnelheid van zeventig helpt niet. Geel licht waarschijnlijk wel.

ZUINIGHEID MET VLIJT De duurzame bouwtechnieken, waarvan Hoge Sterkte Beton er één is, zijn inmiddels breed praktijk binnen Rijkswaterstaat. Zuinig zijn met grondstoffen en energie, beperken van afval, hergebruik van materialen en doordacht omspringen met landschap en ruimte. Van hergebruikt plastic voor kadestrips tot de hangkabels van de Van Brienenoordbrug beschermen met was. Van hergebruikt steigermateriaal tot super-elektronica voor energiezuinige besturing van bruggen en sluizen.

↑→STICHTSE BRUG 087 ⤨

MAAK DIE STREEP MAAR EENS 'Als het in Amerika gaat regenen, gaat het hier vanzelf druppen. Dat zie je ook bij het organiseren van het werk. In de ruimtevaart moet de bouwer vooraf z'n kwaliteit aantonen. Logisch, want onderweg is er niet veel meer te verhapstukken. Maar dat hoef je niet tot de bruggenbouw door te trekken.' Dolf van Amstel vindt het jammer dat hij als toezichthouder zich steeds minder met het werkelijke werk mag bemoeien. 'Niet alles is voorzienbaar. Een streep op de bouwtekening is snel gezet. Kom die hier buiten maar eens waar maken.'

KIJKSPEL De pleziervaarders kijken vol verwondering naar boven. Met ontzag ook. Als betonnen vlaggen hangen de brugdelen aan de pijlers, ze steken tientallen meters vrij in de lucht. De bouw van de tweede Stichtse brug is een bezienswaardigheid. Voor de honderden bouwkundigen die op excursie komen. Voor de schepen die ongestoord door kunnen varen doordat de overspanning van 160 meter ook tijdens de bouw nergens gestut is. En als op die bootjes af en toe natuurschoon voorbij vaart, hebben de mannen daar geen oog voor. 'We zijn techneuten,' zeggen ze; alsof dat alles verklaart.

←←STUW EN BRUG, GRAVE 135 ⬳

HET DOEK IS GEVALLEN Ethervervuiling. Zo typeert de NOS een paar
jaar geleden de dagelijkse berichtgeving over de waterstanden.
En daarmee komt dan een eind aan een traditie van ruim een halve
eeuw. Maar al gauw ontfermt de Wereldomroep zich over deze
service aan de scheepvaart. Het Berichtencentrum voor de
Binnenwateren van Rijkswaterstaat verzorgt de inhoud. Deze komt
ook op een speciale pagina op Teletekst. 'Grave beneden de sluis'
blijft zo vertrouwd klinken.

↑BOSKOOP 123 ⤬

DE WEG IN DE LIFT De bouten zijn er in 1936 een voor een met de
hand ingedraaid. De bouw van de hefbrug in Boskoop betekende
brood op de plank voor de plaatselijke werklozen. Sindsdien gaat de
weg over de brug zo'n vijfendertig keer per dag in de lift. Tot op
31,50 meter hoogte als het moet. En dat is vooral 's zomers als er
veel pleziervaart is op de Gouwe. Dan is het net als vroeger, toen er
nog met vracht van Amsterdam naar Rotterdam gezeild werd.

'IK BEN DE PISPAAL. SOMS HEB IK HET GEVOEL DAT HEEL BOSKOOP VAN ME BAALT. ALS IK AAN HET WERK BEN, ROEPEN ZE NAAR ME. OP VERJAARDAGEN KRIJG IK EEN SNEER. EN ALS ZE OP DE VOETBALCLUB EEN BORRELTJE OP HEBBEN, IS HET HELEMAAL RAAK. KLEREBRUGWACHTER, KLINKT HET DAN. DAT KOMT OMDAT DE BRUG HET DORP DOORMIDDEN DEELT. DIK DERTIG KEER PER DAG.' THEO LUIJKEN BEDIENT AL 28 JAAR DE HEFBRUG IN BOSKOOP. DEZE MOET MINSTENS VIJF METER DE LUCHT IN OM VERVOLGENS GOED TE KUNNEN SLUITEN. DAT LEIDT TOT ONBEGRIP, ZEKER ALS ER MAAR EEN BOOTJE VAN KRAP DRIE METER ONDERDOOR MOET. HIJ IS BLIJ MET SCHOOLBEZOEK. KAN HIJ HET EENS UITLEGGEN.

BEREND BOTJE GING UIT VAREN EN KWAM NOOIT WEEROM. KINDERROMANTIEK. SCHIPPERS VERDWIJNEN NIET ZOMAAR. HUN REIS IS NAUWGEZET TE VOLGEN. IN COMPUTERNETWERKEN REIZEN HUN GEGEVENS MEE. Schepen zijn bedrijven. Computers en

informatietechnologie veroveren het stuurhuis. Steeds nadrukkelijker gaat dit op een cockpit van een verkeersvliegtuig lijken: radar, satelliet-navigatie, radiovolgsignalen, diepte, stroming, verkeersinformatie, weersgesteldheid. Informatie en communicatie moeten bij de tijd zijn.

Rijkswaterstaat werkt aan systemen om een goede, vlotte en veilige doorvaart te organiseren. Dat gebeurt in samenwerking met Europese overheden, het bedrijfsleven en onderzoeksinstellingen. In feite draait het om een doordachte combinatie van technieken; zowel op de wal als op het schip. Binnenschippers kunnen daarmee het volledige verkeer op alle waterwegen in hun omgeving op de voet volgen. Ze weten hoe de actuele situatie rond havens en sluizen is. En deze zijn ook op de hoogte van wat op hen afkomt: de schepen worden automatisch herkend. Een dergelijk systeem stelt overheid en bedrijfsleven in staat beter te plannen: tijdstip van schutten, sluisindeling, laden en lossen, aansluitend transport. Daarmee wordt vervoer over water als alternatief voor wegvervoer nog aantrekkelijker: bedrijfszeker, betrouwbaar en goedkoop.

Het lulijzer, zoals tal van schippers de marifoon noemen, verliest terrein. In de toekomst hoeven zij zich bij bruggen, sluizen, verkeersposten en havens niet meer te melden. Thans is dat nog wél het geval. Elk binnenvaartschip zit in de computer van Rijkswaterstaat. Met het noemen van een zogeheten Europanummer zijn naam, afmetingen, laadvermogen, eigenaar en nationaliteit bekend. Bij het eerste contact met een meldpost komen alle wisselende gegevens daarbij: hoe diep ligt het schip, hoe hoog steekt de deklading, hoeveel mensen zijn er aan boord, wat vervoert het, waar gaat de reis naar toe? Langs de hele route zijn deze op te vragen. De reis kan soepel verlopen. En zeker met gevaarlijke stoffen aan boord is het belangrijk dat bij ongelukken snel de juiste hulp opdaagt.

De gegevens zijn netjes beschermd door een privacyreglement. Ze blijven bijvoorbeeld slechts tot acht dagen na de reis in het geheugen zitten. Daarnaast gebruikt het Centraal Bureau voor de Statistiek ze voor algemene overzichten. En zijn ze voer voor beleids- en planstudies van het ministerie. Veel schippers maken aan boord al gebruik van Internet, teletekst en bulletinboards. Het Berichtencentrum van Rijkswaterstaat haakt daarop in met een uitbreiding en verbetering van zijn diensten. Maatwerk. Een schipper die vanuit Rotterdam op weg is naar Duitsland wil alles over die route weten: waterhoogtes, ijsgang, stremmingen, stromingen. Op zijn pc verschijnt dan een elektronische kaart van zijn vaarweg. De ballast aan gegevens over andere routes blijft hem bespaard.

BINNENVAART HEEFT RUIMTE Water, een groen alternatief. Goederenvervoer per binnenschip is zes keer schoner dan per vrachtauto. En zelfs nog anderhalve keer vriendelijker voor het milieu dan de goederentrein. Op het water is, anders dan op veel wegen en spoorlijnen, ruimte genoeg.

KIEZEN OF DELEN Spitsen varen steeds minder. Ze leggen het af tegen de grote jongens op het water, behalve op de smalle Franse vaarwegen. Met hun achtendertig meter vervoeren zij toch nog veertien keer de inhoud van een vrachtwagen. Een Europaschip, vijfentachtig meter lang, neemt de inhoud van zestig vrachtauto's voor z'n rekening. Het vierbaksduwstel is bijna tweehonderd meter lang. Goed voor driehonderdvijfentachtig wagens vracht.

DE ARTS WIJST BESCHULDIGEND NAAR HET DODE HART. DE AUTO MET HET DONOR-ORGAAN IS BIJ ZEVENBERGEN IN EEN OMLEIDING VAST KOMEN TE ZITTEN. BADEND IN HET ZWEET WORDT DE PROJECTLEIDER WAKKER. EEN NACHTMERRIE! Draaiboeken voorkomen in de praktijk zo'n boze droom. De projectleider weet dan ook zeker dat hij de hele wereld op de hoogte heeft gesteld van de wegafsluiting. Zelfs de orgaan- en bloedbanken.

Werken aan de weg betekent altijd overlast. Files kunnen niet uitblijven. Dus verschuift veel van het klussen naar de nacht. Bruggen en hoofdwegen blijven tot 1995 bij onderhoud zoveel mogelijk beschikbaar voor het verkeer. Dan gaat waar mogelijk het roer om. Het tijdelijk compleet op slot gooien van een stuk weg is een goed alternatief. De voorkeur gaat uit naar nachten of weekeinden, maar soms is er meer tijd nodig.

Wegbeheer met zo weinig mogelijk hinder voor het verkeer vraagt om een ingrijpende aanpak. Afsluiten, het verkeer omleiden en zoveel mogelijk werkzaamheden in één keer tegelijk bij de kop pakken. Het werk schiet sneller op. Doordat het niet met brokjes en beetjes gebeurt, is de kwaliteit bovendien beter. En natuurlijk is het veiliger voor weggebruikers en -werkers. Zo'n aanpak brengt extra kosten met zich mee, omdat niet alles precies op hetzelfde moment aan vervanging of onderhoud toe is. Maar het grote voordeel is dat zo'n wegvak er weer jaren tegen kan.

Sommigen zien de nieuwe aanpak als een keuze voor een korte, hevige pijn boven zeurend en slepend ongemak. Onderzoek toont trouwens aan dat slechts zeven procent van de weggebruikers er flinke problemen mee heeft. De meerderheid toont begrip. Voorwaarde is wel dat de operatie is ingebed in uitgebreide en goede voorlichting.

In 1995 vindt voor het eerst een wat omvangrijker afsluiting plaats. Het gaat om de A16 van de Moerdijkbrug tot de Belgische grens. Twee weekeinden en dertig nachten zijn de frezen, kleefwagens, spreidmachines, walsen, generatoren en andere apparaten er druk. Dag en nacht. Maandenlange voorbereidingen gaan eraan vooraf. Een juist moment prikken, rekening houdend met evenementen en vakanties. Omleidingen uitdokteren. Overleggen met lokale en regionale wegbeheerders. De politie inschakelen. Brandweer en ambulancediensten informeren. Afspraken maken met de spoorwegen en busmaatschappijen. Grote ondernemingen in de regio inseinen. En natuurlijk de weggebruikers op allerlei manieren vertellen wat hen te wachten staat. Via artikelen, advertenties, folders en radio-interviews. Even gaan de wenkbrauwen omhoog als de projectleider meldt dat hij een 06-juffrouw heeft ingeschakeld. Maar het blijkt om koele en zakelijke voorlichting te gaan. Een reclamevliegtuigje met dat 06-nummer zorgt het eerste weekeinde voor wel tweeduizend telefoontjes.

TIJDELIJKE WEGEN

MET DE BREDERE SNELWEGEN IS HET STEEDS VAKER MOGELIJK OM EEN WEGHELFT WAT LANGER AF TE SLUITEN. OP DE ANDERE HELFT KAN HET VERKEER DAN TOCH NOG IN BEIDE RICHTINGEN RIJDEN. BIJ INGRIJPEND BEHEER KOMT ER SOMS ZELFS TIJDELIJK EEN EXTRA BAAN TE LIGGEN. DAN IS OOK OVERDAG WERKEN MOGELIJK EN DE FILEDRUK BLIJFT LAAG. OOK WORDT GEDOKTERD AAN EEN SOORT VERPLAATSBARE BRUG. EEN TIJDELIJK WEGDEK DAT OVER DE WEGWERKZAAMHEDEN HEENLOOPT.

OUD EN NIEUW Zij ligt te wachten op de sloop, de oude Waalbrug. Jong en fris ontvangt ze in 1933 in totaal 90 duizend passerende auto's. Dat staat de nieuwe brug straks per dag te wachten. Nu zijn er dat al 70 tot 80 duizend.
In totaal is de brug een kilometer lang en 34 meter breed. Tussen de twee pylonen hangt 17 miljoen kilo aan 120 tuikabels.

ZE IS EEN MANNETJESPUTTER De nieuwe brug bij Zaltbommel heeft een mannennaam: Martinus Nijhoffbrug. Maar ze is dan ook een krachtpatser. Als de hele brug alleen maar vol personenauto's zou rijden, is de belasting slechts 1600 kilo per strekkende meter. In verband met vrachtverkeer gaan de berekeningen uit van een verkeersbelasting van 12.400 kilo per meter. Pas als ze per meter 45.000 kilo op haar rug heeft, kreunt ze. Maar ook dan breekt ze niet.

ZEEUWSE ZAKENLUI ZIEN HET WEL ZITTEN. DE TUNNEL DIE ZEEUWS-VLAANDEREN BIJ DE REST VAN NEDERLAND TREKT MOET ER KOMEN. ZE STEKEN DE KOPPEN BIJ ELKAAR EN TOVEREN SCHETSEN OP TAFEL. De geestdrift van de ondernemers wordt afgedaan als

VERLEDEN

borrelpraat. Hun droom van een Westerscheldetunnel gaat op in sigarenrook. Maar Nederland leeft dan ook pas in de jaren dertig. Vervolgens is het dertig jaar stil rond de vaste oeververbinding. De veren Vlissingen-Breskens en Kruiningen-Perkpolder tuffen hun trage tochtjes. En daarmee moet de groeiende bevolking en industrie het doen. Maar in 1966 kondigt minister Suurhoff aan een tracé te ontwikkelen. In 1968 moet dat de zegen van de Kamer krijgen. Het duurt vervolgens een jaar of acht voordat plannen voor een combinatie van tunnel en brug de beloofde oplossing lijken. Deze lopen stuk op Haagse en Zeeuwse zuinigheid.

De druk vanuit de samenleving neemt onverminderd toe. De industriegebieden van Vlissingen en Terneuzen lonken naar elkaar. Het verkeer tussen de Europoort en Gent verlangt tijdwinst. Zeeuwse ondernemingen willen sneller naar Calais en het Kanaalgebied. De arbeidsmobiliteit groeit. En de inmiddels honderdduizend inwoners van Zeeuws-Vlaanderen zijn hun isolement zat. In 1986 pakt de overheid de plannen voor een brug/tunnelcombinatie weer op. Kostenberekeningen, technische studies, inventarisatie van milieu-effecten, zij komen allemaal op losse schroeven te staan als een geboorde tunnel tot de mogelijkheden gaat horen. En op 27 juni 1996 is het zover: de Tweede Kamer stemt in met een autoweg onder de Westerschelde. Het wordt een technisch hoogstandje. Met name het feit dat het geen steenachtige maar een slappe bodem is, maakt de operatie bijzonder. Bij de Tweede Heinenoordtunnel heeft Rijkswaterstaat met deze techniek geëxperimenteerd. Maar op zo'n schaal en diepte als bij de Westerschelde is ze zelden vertoond. Als twee reuzenmollen graven de boormachines hun 6,6 kilometer lange gang, 11,30 meter in doorsnee. Ze slepen 250 meter aan apparatuur achter zich aan. Het snijrad vreet zich steeds twee meter verder in de stugge klei. Een stalen schild houdt de massa buiten in bedwang totdat betonsegmenten een nieuw stukje tunnel vormen. Een betonfabriek bij de ingang moet besparingen in aan- en afvoer opleveren. De beton-delen gaan per ondergrondse trein naar de reuzenmollen. De tunnel loopt overigens niet in een strakglooiende lijn van oever tot oever. Ondergronds zijn er verschillende hellingen en bij de Pas van Terneuzen duikt hij naar z'n diepste punt: zestig meter. De machines graven twaalf meter per etmaal, zes dagen per week. De zevende dag hebben zij rust. De bouwers niet. Die storten zich op onderhoud en bijstelling van de apparatuur. Aan het eind van hun tocht, eind 2002, hebben boren zich stukgegraven en zijn rijp voor de sloop. Nederland is dan een tunnel rijker en een inves-tering van 1,6 miljard gulden verder.

WESTERSCHELDETUNNEL

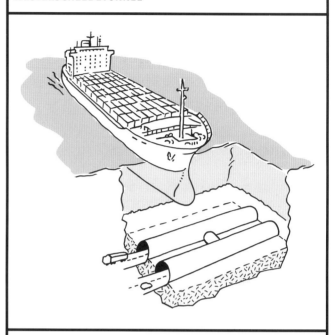

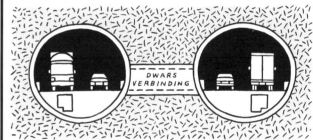

ONDER DE WESTERSCHELDE KOMT DE GROOTSTE IN SLAPPE GROND GEBOORDE TUNNEL TER WERELD: LENGTE: 6,6 KILOMETER / DOOR-SNEE: 11,3 METER / DIEPSTE PUNT: 60 METER ONDER WATERSPIEGEL / TUNNELRING-ELEMENTEN: 45.000 / RIJBANEN: VIER STUKS IN TWEE BUIZEN / VERWACHT AANTAL VOERTUIGEN: 12.000 PER DAG / MAXI-MUM AANTAL VOERTUIGEN: 27.000 PER DAG.

←← PASSANTENHAVEN HATTEM 062 ≋

OEFENING BAART KUNST Tegenstrooms de bocht ruim nemen. Met de stroom mee scherp aansnijden. De geregelde bezoekers van de pas-santenhaven draaien zo vanaf de IJssel het Apeldoornse Kanaal op. Ze weten wat hen wacht aan stroming en aan gastvrijheid door havenmeester Henk Doesburg. Deze wil ook nog wel eens te hulp schieten als door overijverig gas geven de steiger gevaar loopt. En voor de enkeling die z'n schroef verliest, is er een bijzondere service. Hattemse brandweerlieden vissen die uit het water. Kosteloos. Want ze oefenen graag.

←← BRUG TE EWIJK 105 ≋

FILEMELDERS In Ewijk gebeurt het. De A50 gaat over de Waal met een pyloonbrug die een Europese staalconstructieprijs op zak heeft. En dan komen in diezelfde A50 ook nog eens de eerste aftasters van het VIC. Dit Verkeers Informatie Communicatienetwerk werkt als een automatische meldkamer voor files. Daarvoor gaat 3000 kilome-ter koperkabel en 600 kilometer glasvezel de grond in. Via detectie-lussen krijgt de computer gegevens over de verkeerssituatie. Deze berekent de effecten en geeft z'n conclusies meteen door aan de weggebruikers: via borden boven de weg, maar ook op Internet.

'DE WESTERSCHELDETUNNEL WORDT OP 15 NOVEMBER 2002 OM 15.00 UUR OPGELEVERD. DAT STAAT IN HET CONTRACT. EN IK HEB NOG GEEN REDEN OM DIE DAG NIET IN MIJN AGENDA TE RESERVEREN.' PROJECTDIRECTEUR TIN BUIS IS VERANTWOORDELIJK VOOR DE GROOTSTE TUNNELBORING IN ZOGEHETEN 'SLAPPE BODEM'. IN DIT GEVAL GEEN STEEN OF ROTS, MAAR DE VEEL MINDER STABIELE ZEEUWSE KLEI. OP DEZE SCHAAL NOG ZELDEN VERTOOND.

REUZENBUIZENPOST. GOEDERENCONTAINERS DIE ONDERGRONDS MET DE SNELHEID VAN KANONSKOGELS DOOR EUROPA SCHEUREN. DAT BLIJFT VOORLOPIG SCIENCE FICTION. TE DUUR, TE KWETSBAAR, TECHNISCH NOG EEN PAAR BRUGGEN TE VER. MAAR DAARMEE VERDWIJNT ONDERGRONDS VERVOER NIET ACHTER DE HORIZON.

Vervoer via pijpleidingen is algemeen aanvaard: water, gas, olie en chemicaliën. De leidingen, pompstations en aansluitingen zijn in handen van particuliere ondernemingen, nutsbedrijven en, in afnemende mate, van regionale overheden.

Vaste stoffen via buizen vervoeren is een ander verhaal. Studies en experimenten laten positieve mogelijkheden voor de toekomst zien. Minder verspilling, minder vervuiling, minder geluidsoverlast, minder hinder voor personenvervoer en minder kans op ongelukken. Daarbij gaat het vooral om vervoer over betrekkelijk korte afstanden. Stadsvracht bijvoorbeeld. Het bevoorraden van winkelcentra, kantoren, ziekenhuizen, hotels en scholen. Logistieke stadsparken, een ietwat misleidende aanduiding voor distributieknooppunten, vormen de uitvalsbasis voor volautomatische karretjes. Vanaf de rand van de stad zoeven ze met een gangetje van pakweg twintig kilometer per uur de buizen door. De wagentjes zijn een paar meter lang, lopen over rails en hebben standaard pallets aan boord. Vijfhonderd wagentjes per uur moet makkelijk haalbaar zijn. Elke zeven seconden één. De karretjes hebben een zekere intelligentie en verder is de bediening geautomatiseerd. Een centraal besturingssysteem en zendertjes op de goederen zorgen voor een juiste afwikkeling. Bij hun bestemming aangekomen, buigen ze van het hoofdspoor af. Het uit- en inladen gebeurt bliksemsnel, bij voorkeur gerobotiseerd. En even later voegt de transporteenheid zich weer in de grote stroom.

Als ontwikkelaar, bouwer en beheerder van veel infrastructuur, zoals wegen en waterwegen, is Rijkswaterstaat voortdurend op zoek naar manieren om toekomstige knelpunten op te lossen. Dat past ook bij de rol als kennisleverancier. In veel gevallen gebeurt dat door lessen uit het verleden te trekken. Maar soms maken studies gebruik van een geestelijke tijdmachine. Ze gaan dan bijvoorbeeld dertig jaar vooruit naar een gewenste toekomst. Terugkijkend proberen ze knelpunten in de huidige situatie op te sporen. Daar vloeien oplossingen uit voort, zoals goederentransport door buizen.

EERST DE BRUG DAN HET WATER Bruggen bouwen is een vak apart. Met al z'n water heeft Nederland dat bijna tot een kunst ontwikkeld. Overspanningen van honderden meters over water en scheepvaart heen. Bij het graven van het Twentekanaal in de jaren dertig gaat dat simpeler. Op een stuk grond bouwen ze een karakteristieke boogbrug. Als die goed en wel staat, graven ze het kanaal tussen haar voeten door. Makkelijk en voordelig.

DIER EN RIVIER Ook wegen en snelwegen op het water eisen onder dieren hun tol. Steile walkanten maken dat overstekend wild niet uit het water kan en uitgeput verdrinkt. Ook hun leefruimte lijdt eronder. Traag glooiende oevers met een rijke plantengroei zijn de oplossing. Het waterleven profiteert daar eveneens van: rust, voedsel, paaiplaats. Bij het aanleggen van dit soort oevers is het belangrijk te letten op zicht voor de scheepvaart en ongehinderde afvoer van water, ijs en slib. Van de steile oevers langs de Nederlandse vaarwegen is het grootste deel diervriendelijk te maken.

EUROPA EIST Z'N TOL Bij Lobith komt de Rijn ons land binnen. Iedereen leert dat op school. En velen willen dat met eigen ogen zien. Ze zien vooral een aantal van de achthonderd schepen die per dag onverstoorbaar voorbij varen. Een verenigd Europa eist ook bij Tolkamer z'n tol. Vroeger een bedrijvigheid van jewelste met in- en uitklarende schepen, nu is het er vooral rustig. De plaatselijke middenstand heeft een veer moeten laten.

DE RUG TOEKEREN Een rolgeluidenemissiemeetaanhangwagen.
Een lang woord. Daarom heet hij in het gebruik kortweg Roemer.
Hij meet het geluid van banden op het wegdek. Binnen woningen
geldt overdag een norm van 35 en 's nachts van 25 decibel.
Geluidsschermen, een ander soort wegdek of isolatie van de wonin-
gen volgt. Heel anders dan bij Zeist is de oplossing in Neerijnen.
Daar zijn woningen met de rug tegen de muur geplakt. Zij maken
deel uit van de wering. En zelf hebben ze geen centje last.

↑PRINS CLAUSPLEIN

'TREUZELEN, ONZEKERHEID EN REMMEN ZIJN DE FILEMONSTERS. ALS ALLE AUTOMOBILISTEN KEIHARD DE STAD INSCHEUREN EN PAS VLAK VOOR EEN PARKEERPLAATS AFREMMEN, ZIJN ER GEEN FILES MEER. DAN HADDEN WE DAT ÉNE PROBLEEM OPGELOST EN ER EEN PAAR ANDERE VOOR TERUG GEKREGEN. MAAR ER ZIT WEL EEN KERN VAN WAARHEID IN. ONS PRINS CLAUSPLEIN IS EEN REUZEN-ACHTBAAN MET VIER ETAGES, WAAR HET VERKEER MOEITELOOS DOORHEEN GLIJDT. PIERENPOT WORDT HIJ ONEERBIEDIG GENOEMD. TOCH ZOU HET EEN PRACHTIGE STADSPOORT VOOR DEN HAAG KUNNEN ZIJN. MAAR AL GAUW KOMT HET VERKEER IN EEN FUIK WAAR DE AUTO-MOBILISTEN ALS ZENUWACHTIGE VISSEN ALLE KANTEN OP SCHIETEN. DE TOEGANGSWEGEN MOETEN NODIG GEDOTTERD WORDEN.'

PRINS CLAUSPLEIN

RON VAN DE SPEK, INSPECTEUR TOEZICHTHOUDER RIJKSWATERSTAAT.

↑ **DE VLIETE, A58** 189 ↯

PARK AND READ Parkeren is in de Randstad steeds vaker een kunst. Bewust beleid om het autoverkeer naar de steden te ontmoedigen. Zeeland heeft daar nog weinig last van. Automobilisten krijgen de vriendelijke uitnodiging eens even langs de A58 te stoppen en de informatieborden te lezen. Dan weten ze tenminste wat er met de A58 gebeurd is: vroeger een streep over een biljartlaken, steeds meer een weg met volop water en bospartijen. Een tienjarenplan maakt het plezierig om van Bergen op Zoom naar Vlissingen te rijden.

↑ **AARDEBAAN DOORGETROKKEN RIJKSWEG A4** 128 ↯

AANLEG HEEFT VEEL VOETEN IN AARDE Een verstild plaatje in een drukke Randstad. Geduldig wacht de strook grond tot een snelweg haar dichtdekt. In de jaren zestig is het voorbereidend werk voor een extra verbinding tussen Den Haag en Rotterdam al begonnen. Vele onderdoorgangen en kleine betonwerken zijn in de loop van de tijd gereed gekomen. Door inspraakprocedures en geldgebrek moet op doortrekking van de A4 nog even gewacht worden. Dat doen de automobilisten in de files even verderop ondertussen ook.

INEENS ZAKKEN ZE 'Ze komen uit Brabant en zijn bij allerlei sluizen dik twee meter de hoogte ingegaan. Dan komen de plezierjachtjes hier voor de deur en vragen of ze opgeschut kunnen worden. Nee, zeggen we. En vervolgens vertellen we dat we hen laten zakken. Soms hebben ze niet in de gaten dat ze acht meter naar beneden gaan. Dus zitten hun lijnen stevig vast. En even later hangen zij scheef tegen de sluiswand. Paniek. Dat betekent snel de touwen doorsnijden of hopen dat de sluiswachter de schutting onderbreekt. Maar het gaat nooit echt mis,' vertelt sluismeester Henri Veugelers.

ZE VERLIEZEN TIJD MAAR GEEN WATER De schepen merken er niet zoveel van. Alleen duurt het schutten nu ineens vijftien minuten, in plaats van de helft. Maar dan hebben ze bij sluis Panheel wél zestig procent van het water uit de schutkolk in spaarbekkens gepompt. En omgekeerd. Een bijzonder systeem dat verder niet voorkomt. In droge tijden voorkomen ze zo dat kostbaar water naar zee stroomt. De grindschippers met hun zware bakken voelen niks van dat zware pompwerk. Maar jachtjes willen wel eens raar aan het dobberen slaan.

WE JAGEN OP FILES MAAR SOMS OOK OP EEN DOMME EEND

'LEVENSGROOT DUIKT-IE TEVOORSCHIJN OP DE VIDEOWAND. EEN SPOOKRIJDER. IK GOOI METEEN DE WIJKERTUNNEL IN HET SLOT. JIJ GAAT VOOR DE BIJL, VADER. TWEE MINUTEN LATER TREKKEN AGENTEN 'M UIT ZIJN AUTO. MENEER WAS EEN TIKKIE AANGESCHOTEN.

Zulke nachten vergeet je nooit. Dan suist de adrenaline door je lijf. Het meest bizarre is dat de halve mensheid in actie moet komen voor één zo'n sukkel. Doodzonde. Want we zitten hier niet om dronkelappen van de weg te halen. Maar om het autoverkeer in Noord-Holland soepel te laten verlopen. Samen met drie andere operators houd ik zo'n beetje alle belangrijke tunnels, bruggen, viaducten en wegen in de gaten. Big Brother is watching you, maar wel vanuit een goed hart. Want bij een ongeval kunnen we onmiddellijk de snelweg afkruisen. Kleurencamera's en sensoren onder de snelwegen zijn onze hulpjes. Die seinen allerlei gegevens door naar onze computers. De snelheid op een wegvak bijvoorbeeld. Als die fors lager ligt dan het gemiddelde, weet je dat er een file is geboren. Automatisch verschijnt de lengte op de informatiepanelen boven de weg. Plus de aangepaste snelheden. Ik voed de borden met alternatieve routes.

Vroeger werkte ik bij een heel goed reisbureau: de Marine. Ik verzorgde als verbindingsmatroos het berichtenverkeer vanaf de brug. Vooral met andere Navo-schepen en-vliegtuigen. Mijn eerste trip was meteen raak: Australië. Als een spons zoog ik alle nieuwe indrukken op. 's Nachts op volle zee naar de sterren kijken. Dat is zo mooi. Maar zelfs de marine verveelt na zes jaar. Ik wilde iets anders. Dat ik uiteindelijk weer op een brug terecht zou komen, wist ik ook niet van tevoren. Dit keer is het niet De Zuiderkruis, maar een soort Starship Enterprise.

Ik heb nu vier jaar ervaring als operator. Sommige ongelukken voel je dan aankomen. Zoals in januari 1997. Op de A9 tussen Alkmaar en Badhoevedorp hing een dikke mistdeken. We kregen van de politie een telefoontje. Er was iets loos. Dan weet je het eigenlijk al en kun je net zo goed het hele baanvak afkruisen. En ja hoor, in beide richtingen waren ze op elkaar geknald. Meer dan honderd auto's. Dat heeft dik zeven uur geduurd. Op zulke momenten zijn wij een echt regiecentrum. Wegafzettingen regelen, sleepdiensten bestellen. Contacten leggen tussen politie en andere hulpdiensten. Gelukkig gebeuren er ook veel leuke dingen. De Coentunnel kreeg onlangs bezoek van een eend. Dat kan gevaar opleveren en dus sluit je de boel af. Maar die slimmerd moest er wel uit. Dus stoven onze wegopzichters in hun autootjes erop af. Ik hoor ze nog gillen, die cowboys: 'We gaan 'm helemaal platrijden.' Dat deden ze natuurlijk om mij te stangen. Nou, ik heb ze zien rennen door die buis. Achter dat fladderende beest aan. M'n collega's en ik lagen blauw van het lachen. Totdat mevrouw recht op de camera afstoof. Van schrik viel ik van mijn stoel. Hoewel we het verkeer goeddeels via de Zeeburger Tunnel konden omleiden, hebben ongetwijfeld heel wat automobilisten gevloekt. Maar die eend hebben de jongens te pakken gekregen. Levend.'

→

Petra Lubbers is operator bij Verkeerscentrale 'De Wijde Blik' in Velsen. Een soort verkeersregisseur. Via vijf enorme videowanden houdt zij wegen, tunnels en bruggen in de regio Noord-Holland voortdurend in de gaten. Weggebruikers krijgen van haar actuele informatie en advies.

EVEN DUIKEN VOOR HET VLIEGTUIG Een vliegtuig dat op z'n gemak naar de startbaan rolt, kan wel een heuveltje pikken. Dus kruist een simpel viaduct de snelweg van Amsterdam naar Den Haag. Maar opstijgende en landende toestellen vragen om een vlakke baan. Dus moet het wegverkeer even ondergronds: de Schipholtunnel door. Het begint met twee tunnelbuizen en in totaal zes banen: het verkeer voor de luchthaven moet in- en uitweven. Twee extra tunnelbuizen zorgen ervoor dat straks de 170 duizend auto's per etmaal kunnen doorstromen. Doorgaand en afslaand verkeer hebben ieder hun eigen stroken.

HULPTROEPEN ZONDER BALLEN De extra tunnelbuizen bij Schiphol zijn hoger dan de oude. Ervaring maakt immers wijs. Te vaak is het dak van de tunnel door te hoog geladen vrachtwagens gekraakt. Zoals die ene keer: een handvol kerstbomen steekt in het plafond. Automobilisten merken het bungelend groen op. De vrachtauto is nietsvermoedend doorgereden. En de inderhaast opgetrommelde hulptroepen van Rijkswaterstaat mopperen dat ze geen ballen of sterren bij zich hebben. Dat had er vast leuk uitgezien.

OP EIGEN RISICO Zodra de storm bij Holwerd zijn kop opsteekt, is kantonnier Keimpe Knijft op zijn hoede. Dan waakt hij over de parkeerplaats bij het Waddenveer. Maar soms is er geen houden aan. 'De zee heeft al honderden auto's het water ingesleurd. En als je wagen er nog staat, kun je de deuren beter dichtlaten. Anders heb je alsnog een natte broek.' Om de twee miljoen Waddengangers per jaar wat meer rust te gunnen, heeft Rijkswaterstaat het terrein 1,80 meter opgehoogd. Parkeren blijft op eigen risico.

WE STONDEN IN EEN FILE RICHTING LEIDEN
TOEN ZEI MIJN VROUW: 'ER ZIT IETS OP HET DAK'
HET WAS EEN OUDE, ZEER BELEEFDE SLAK
DE SLAK ZEI: 'DANK U DAT IK MEE MOCHT RIJDEN
MAAR NIETTEMIN – NEE, WEEST U NIET VERBOLGEN
ZAL IK MIJN REIS THANS WANDELEND VERVOLGEN'
'DAG SLAK,' LACHTEN MIJN VROUW EN IK VERBAASD
'TOT ZIENS,' ZEI HIJ, EN: 'SORRY, IK HEB HAAST'

DE FILE

FRAGMENT 'A1' VAN IVO DE WIJS UIT GEDICHT 'DE FILE'

DE BRUG DER ZUCHTEN De oude brug zucht. Veertigduizend auto's is teveel. Ook Venlo zucht. Veertigduizend doorgaande auto's in haar centrum is teveel. Dus verrijst een nieuwe brug, vier kilometer ten zuiden van de oude. Metingen op de de Zuiderbrug tonen meteen vanaf de opening in 1995 twintigduizend auto's per dag. De bejaarde stadsbrug slaakt een zucht: van verlichting.

↑ IJSSELBRUGGEN ZWOLLE 061 ⋈

→ BRUG BIJ DE PUNT 017 ⋈

PLASTIC PAD Stalen bruggen: ze zijn ijzersterk maar vragen fors onderhoud. Dus zoekt Rijkswaterstaat voortdurend naar betere beschermingsmethoden en – bij nieuwbouw – naar alternatieve grondstoffen. Polyester versterkt met glasvezel bijvoorbeeld. Een proef daarmee loopt. Geen flinke brug zoals hier bij De Punt over de Zuid-Willemsvaart, maar een voetgangersbrug in Harlingen. Reizigers met het snelveer naar Vlieland en Terschelling genieten de primeur van zo'n kunststof verbindingspad.

VOORAL LUISTEREN EN MET EEN JUISTE ZWIEPER DE ZAAK DRAAIEND HOUDEN

'SOMS VOEL IK ME NET EEN CIRCUSARTIEST. ZO EENTJE MET VAN DIE WIEBELENDE STANGEN WAAROP BORDJES DRAAIEN. IK MOET GOED OPLETTEN, OP TIJD IN ACTIE KOMEN EN MET DE JUISTE ZWIEPER HET PROJECT OP GANG HOUDEN. GELUKKIG HEB IK 'N TEAM MEDE-ARTIESTEN.

Natuurlijk is de techniek prachtig. Onze boorkop heeft een doorsnee van meer dan acht meter. We hebben een betonnen bouwput die het liefst zou gaan drijven in de natte ondergrond. Bovendien is door een muur boren heel wat anders dan boren door een bord Brinta; en daar lijkt het werken in slappe grond wel op. Maar al die techniek krijgt pas z'n waarde als we ons ook goed met de omgeving bezig houden. Het draait om de mensen die er wonen, die er gebruik van gaan maken. Om de mensen die iedere dag in de file staan en om de bedrijven die daar vervolgens miljoenen door verspelen. Dus begin je met luisteren. We wilden een geboorde tunnel en zijn met dat idee naar de gebruikers gestapt. Wat vinden jullie ervan, beste fietsers? Wat vinden jullie ervan, beste landbouwers? Wat vinden jullie ervan, beste bewoners van de Hoeksche Waard? Hoe hadden jullie het graag gehad willen hebben?

Wij dachten aan één grote buis voor al het langzaam verkeer. Een soort ontmoetingsbuis, waardoor gebruikers ook een veilig gevoel hebben. Tot onze verwondering rolde er wat anders uit. De fietsers en het landbouwverkeer wilden ieder een eigen tunnel. Ze zeiden veel te veel last van elkaar te hebben. Dus zijn we nu twee tunnels aan het boren: kleiner, technisch ietsje simpeler, niet duurder.

De fietsers gaan straks met roltrappen naar de ingang. Of met de lift: geen zwarte doos met een raampje, maar veel glas, veilig, open. Aan de beleving van onze klanten, want zo zie ik de toekomstige gebruikers, is veel aandacht besteed. De fietsbuis wordt zó mooi, dat je er eigenlijk niet meer uit wil. Het wordt een Mekka voor bouwkundigen en architecten; dat voorspel ik.

Zo'n project kent spannende momenten. Zoals die keer dat er een gat in de rivierbodem ontstond. Dat probeer je dan op allerlei manieren te dichten. We hebben zelfs kattebakkorrels en houtsnippers aan de boorvloeistof toegevoegd. Technisch haal je alles uit de kast, maar je moet vooral niet vergeten ook met de buitenwereld te communiceren. Met de verantwoordelijken voor de kwaliteit van het water, met de eigen medewerkers en – via de pers – met heel Nederland.

Aan het begin van ons project stond een opknapbeurt voor de bestaande tunnel. Dat bracht nogal wat gehussel met verkeersstromen en vertraging met zich mee. En, zoals altijd, probeerden we ons in te leven in wat we bij de gebruikers aanrichtten. We stelden een speciaal 06-nummer open. Daar kwam de noodkreet van een zwangere vrouw uit Numansdorp binnen: hoe moet ik met al die files straks in het Rotterdamse ziekenhuis komen om te bevallen? Met een telefoontje naar de politie hebben we het geregeld. Bij de eerste wee zou zonodig begeleiding klaar staan, inclusief zwaailichten. Voor ons een kleine moeite, voor haar een fikse geruststelling.'

→

Han Admiraal is projectmanager. Onder zijn regie vindt de eerste tunnelboring in slappe grond plaats. Hij ziet communicatie als een hoofdtaak: net zo belangrijk als goede techniek. Hij wil serieus luisteren en open kaart spelen. En straks alle opgedane kennis doorvertellen.

TWEELING BRENGT VERLICHTING Vianen verdwijnt uit het nieuws.
Een tweede Lekbrug moet ervoor zorgen dat de dagelijkse filemeldingen verdwijnen. In 1996 staan er van Nieuwegein tot Vianen
nog 223 files. De nieuwe oeververbinding krijgt een lengte van
532 meter en heeft twee keer drie rijstroken. In het ontwerp is al
rekening gehouden met een vierde strook. Daarmee is het bouwen
bij Vianen nog niet ten einde. Want een tweelingzusje van de brug
komt er meteen achteraan.

WEG NEEMT EEN SLINGER Op het laatste moment gaat het roer om.
De A1 in de buurt van Markelo gaat anders lopen dan de ontwerpers
bedachten. Deze hebben echt niet te diep in het glaasje gekeken,
maar een bos met vele jeneverbessen over het hoofd gezien.
Om deze te ontzien, vreet de weg zich nu een stukje verderop door
het landschap. Het gespaarde gebied is van daaruit te bewonderen.

HET KNALT BIJ HET KANAAL Sluizen zijn een soort liften voor schepen.
Maar waterstaatkundige werken hebben vaak ook militaire kantjes.
Een bijzonder geval is de plofsluis in het Amsterdam-Rijnkanaal ten
zuiden van Utrecht. Een betonbak met zand, grind en breuksteen.
Met de vijand in zicht knalt de bodem eruit. De hele handel ploft in
het kanaal en verspert de doorgang. De verruiming van het kanaal in
1970 betekent het einde van de sluis. Het water stroomt er nu
omheen. Toch ploft het nog geregeld in de lege bak. Er huist een
schietvereniging in.

EEN VERVOERSADER MET EEN KRAAN Het Twentekanaal heeft een dubbele functie. Op één staat de binnenvaart. Het handgegraven kanaal vormt een belangrijke schakel in de regio. Bovendien is het een snelle verbinding met de Rotterdamse Haven. Maar de vaarweg speelt ook een actieve rol in natte en droge tijden. Bij lage standen houdt een gemaaltje bij de Schipbeek de Achterhoek en Twente nat. Terwijl een overvloed aan water richting IJssel wordt afgevoerd.

ZE HEBBEN GEEN SPECIALE HEKEL AAN ZOUT, DE SLAKKEN VOOR DE WEGEN-
BOUW. ZE VOELEN ZICH GOED THUIS TUSSEN EEN ZANDBODEM EN EEN
TOPLAAG VAN ASFALT. EN VORMEN STEEDS VAKER DE FUNDERING VAN WEGEN.
OP HET EERSTE GEZICHT ZIJN SLAKKEN ORDINAIRE STEENTJES. MAAR IN FEITE
IS HET RESTMATERIAAL VAN HET UITSMELTEN VAN METAALERTS. AFVAL VAN DE
STAALPRODUCTIE BIJVOORBEELD. TIJDENS ZO'N HOOGOVENPROCES KOMEN
DE SLAKKEN ALS VLOEIBARE MASSA NAAR BUITEN EN STOLLEN IN ZOGEHETEN
SLAKBEDDEN. DE WEGENBOUW GEBRUIKT VAN DIT TYPE SINTELS ALLEEN DE
KLEINERE: MINDER DAN EEN HALVE CENTIMETER. IN DE WEG VORMEN ZE,
TWINTIG TOT DERTIG CENTIMETER DIK, EEN STIJVE GEPANTSERDE PLAAT.
ZE ZORGEN VOOR EEN GELIJKMATIGE SPREIDING VAN DE DRUK VAN DE
VOORTDENDERENDE AUTO'S.
INMIDDELS WORDEN OOK VOLOP NEPSLAKKEN GEBRUIKT. GEEN GESMOLTEN
STEENACHTIG MATERIAAL, MAAR DE COMPACTE ASLAAG AFKOMSTIG VAN DE
BODEM VAN AFVALVERBRANDERS. NADAT DE GROVE STUKKEN GEBROKEN EN
VERPULVERD ZIJN, VOLDOEN ZE PRIMA. ALLEEN MOETEN DE WEGENBOUWERS
ZORGEN DAT ZE GEEN SCHADELIJKE STOFFEN IN DE LEEFOMGEVING BRENGEN.
DUS: KWALITEITSCONTROLE, ZE VANGEN TUSSEN AFDICHTENDE LAGEN EN ZE
NIET GEBRUIKEN BENEDEN GRONDWATERNIVEAU. OP MILIEUGEBIED LEGT
RIJKSWATERSTAAT INMIDDELS OP ELKE SLAK ZOUT.

SLAKKEN

MET DE SCHRIK IN DE BENEN 1973. Koningin Juliana opent de Eemshaven. Ze heeft haar hielen nog niet gelicht of de oliecrisis breekt uit. Dat was even schrikken. Maar Seaport Groningen herstelt zich. Bijna drieduizend schepen bezoeken nu jaarlijks de vierde haven van Nederland. Nieuwe scheepswerven en overslagbedrijven begeleiden de groei. En een van de modernste radarinstallaties ter wereld loodst zelfs schepen van 370 meter lengte moeiteloos naar de aanlegsteigers.

DUWBAKKEN VIA DE VLUCHTSTROOK Veel sneeuw in Zwitserland betekent straks extra werk voor de schippers van duwbakken. Bij hoogwater gaat de kering bij Ravenswaay in het Amsterdam-Rijnkanaal dicht. Dat betekent schutten in de veel smallere Marijkesluis. De duwschippers balen. Normaal varen ze twee bakken breed. Nu moeten ze het zaakje ontkoppelen en hun schip in de lengte splitsen. Alle bakken achter elkaar. Dat geeft twee uur tijd-verlies. Of meer. Als de sluis vol ligt, moeten ze ook nog eens twee keer varen om alle bakken er doorheen te krijgen.

HET GOEDERENVERVOER HEEFT Z'N EIGEN SPOORBOEKJE NAAR DE TOEKOMST. TOT 2010 IS EEN VERDUBBELING VAN LADING TE VERWACHTEN. RIVIEREN EN KANALEN KUNNEN DEZE GROEI OPVANGEN. ZIJ BIEDEN NOG VOLOP RUIMTE. Belangrijk is echter de

BOUWEN

ontwikkeling van speciale schepen. Zo is gedacht aan een boterboot. Toevallig komt dat koelschip niet van de tekentafel af. Dus geen dagelijkse margarinestroom via de Waal van Rotterdam naar Duitsland. Maar wel steeds meer kanjers van containerschepen. Zij grijpen hun kans. De steeds betere verkeersbegeleiding maakt hen bovendien het vervoermiddel bij uitstek voor gevaarlijke lading. Schepen vechten tegen hun trage imago. Van de meeste bedrijven mogen grondstoffen er echter best wat langer over doen, als ze maar op het afgesproken moment arriveren. Want veel produktieprocessen werken met beperkte voorraden. Dus gewoon op tijd in de haven zijn en daar meteen kunnen lossen. De overheid werkt aan een zo soepel mogelijke doorvaart. Maar goede, snelle, bedrijfszekere en efficiënte overslagpunten vervullen uiteindelijk een sleutelrol. Soms is het aan boord hebben van een eigen hijskraan de beste oplossing.

Ook het personenvervoer heeft het oog welgevallig op het water laten vallen. Niet voor reizigersmassa's, maar als vriendelijk alternatief voor mensen die de file zat zijn. Onderzoek leert dat er belangstelling is, zowel bij overheden en vervoerders als bij reizigers. Praktijkproeven gaan aan de invoering vooraf. Daarbij verandert een supersnelle catamaran tussen Utrecht en Wijk bij Duurstede het Amsterdam-Rijnkanaal bijvoorbeeld in een onplezierige klotsgoot. Domweg de verkeerde boot uitgeprobeerd. Een snelle veerboot tussen Dordrecht en Rotterdam wordt speciaal gebouwd en belooft het beter te doen. Hij omzeilt het knelpunt bij de Van Brienenoordbrug. De vaarduur concurreert met de reistijd per auto. De proef duurt drie jaar en staat of valt met goed aansluitend vervoer. Parkeerplaats voor de auto, plek aan boord voor de fiets, afstemming met de dienstregeling van het andere openbaar vervoer. Makkelijk overstappen ook op de waterbus die in de Drechtsteden kwartierdiensten gaat varen. Ook in Amsterdam en Almere gaan de gedachten uit naar een supersnelle onderlinge verbinding over het water.

Een speciale rompvorm om het veroorzaken van hoge golven tegen te gaan, extra snelle radar en een duidelijke herkenbaarheid voor het overige scheepvaartverkeer moeten deze snelle boten tot veilig vervoer maken. Extra goedkoop zal het niet zijn. Maar de organisatoren rekenen op de factor fun. Tal van bezoekers van het Rotterdamse Hotel New York laten zich tenslotte graag met luxe motorsloepjes overzetten. En ze gieren van plezier als het scheepje een zwieper maakt door een hekgolf van een vrachtschip.

GOEDERENVERVOER HEEFT ZIJN EIGEN SPOORBOEKJE

EEN COLONNE VAN VRACHTWAGENS OVER DE WEG. NET ALS IN EEN TREIN ZIT VOORIN DE BESTUURDER. MAAR ANDERS DAN OP HET SPOOR ZITTEN DE WAGENS NIET AAN ELKAAR VAST. COMPUTERS IN DE WEG EN AAN BOORD ZORGEN ERVOOR DAT DE ACHTERLIGGENDE WAGENS OP GEPASTE AFSTAND MEERIJDEN.
DE AUTOMATIC ROAD TRAIN BESTAAT UIT MINIMAAL DRIE TRANSPORTWAGENS, DIE RIJDEN OVER EEN APARTE RIJSTROOK. MET EEN MAXIMUM SNELHEID VAN 50 KILOMETER. GEEN TOEKOMSTMUZIEK, MAAR PLANNEN DIE IN 1998 OP HET TESTPROGRAMMA STAAN.

OPZIJ, OPZIJ, OPZIJ... Stille getuigen uit een ver verleden. Er zijn nog enkele vlotbruggen in het Noord-Hollands Kanaal over. In de eerste helft van de 19e eeuw trekken paarden de grote zeezeilschepen door het kanaal tussen Den Helder en Amsterdam. Vlotbruggen moeten zorgen dat de doortocht ongestoord verloopt. Bij aankomst van zo'n schip schuift de drijvende constructie handig onder het brugstuk dat aan het land vastzit. De vaarweg valt vrij en de dieren kunnen ongestoord verder lopen.

BRUG IN PERSPECTIEF De pijlers in V-vorm. Dat is in 1973 het plan voor de brug over het Tjeukemeer. Een zondagsschilder met gevoel voor perspectief vindt die V's verwarrend voor de zeilers. Toevallig is hij als doordeweeks hoofdingenieur betrokken bij de bouw. Dus bezorgt hij de zeilers rechte pijlers. Dat garandeert een moeiteloze doortocht onder de 13 meter hoge brug.

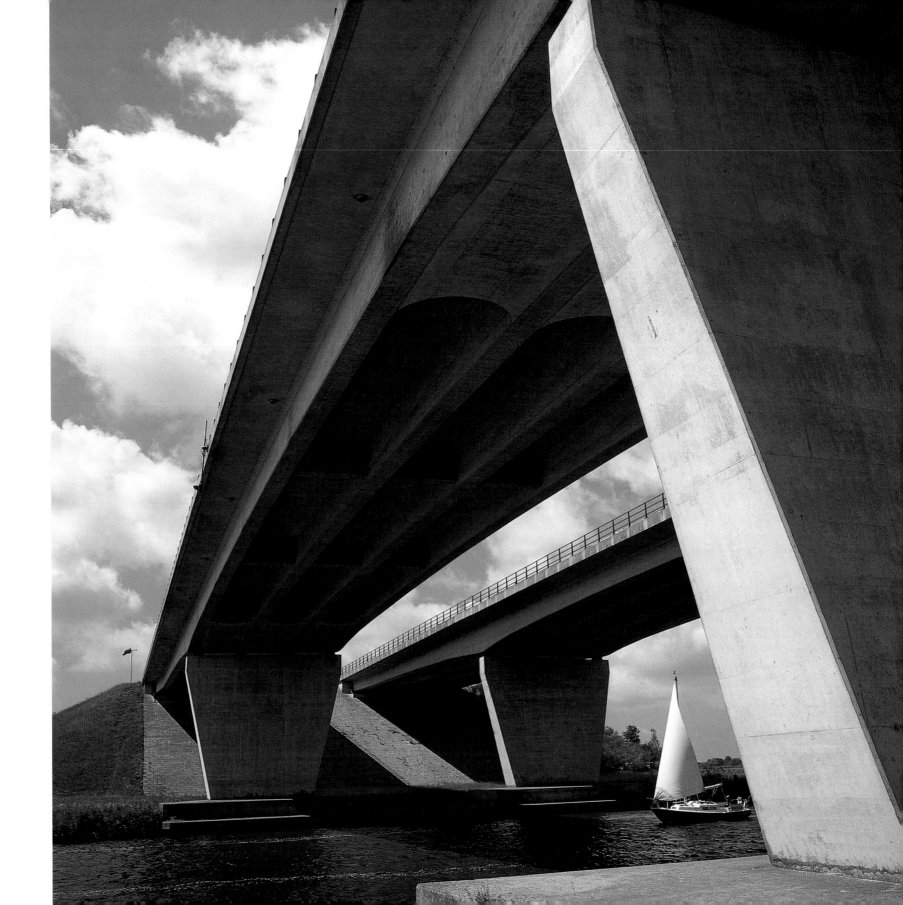

'INDIEN DE MINISTER EENMAAL ONZE WEEGEN VOOR AUTOMOBILISTEN GESCHIKT GAAT MAKEN, DAN IS IN DEN TWEEDE PLAATS NOODIG, DAT HIJ DAARBIJ ZOODANIG TE WERK GAAT, DAT WIJ EEN NET VAN VOOR AUTOMOBIEL VERKEER GESCHIKTE HOOFDWEGEN DOOR HET GEHEELE LAND VERKRIJGEN, WAARDOOR DE PROVINCIALE HOOFDSTEDEN ONDERLING ZOODANIG VERBONDEN WORDEN, DAT MEN ELK DIER STEDEN MET SNELHEDEN VAN 60 TOT 80 EN WELLICHT MEER KILOMETERS KAN BEREIKEN.' DR. IR. C. LELY, LID VAN DE TWEEDE KAMER EN VOORMALIG MINISTER VAN WATERSTAAT, HANDEL EN NIJVERHEID. DECEMBER 1906

OPTREKKEN EN STILSTAAN. DE METALEN SLAK IS WEL HONDERD KILOMETER LANG. GASPEDAAL EN KOPPELING KWIJTEN ZICH ALS AFGEMATTE SLAVEN VAN HUN EENTONIGE TAAK. RIJDEN IS EEN CRIME. DE TECHNIEK BIEDT UITKOMST. 'De reistijd Gouda-Den Haag bedraagt vandaag 23 minuten. Druk op de knop om in te haken bij het eerst volgende peloton.' De vriendelijke computerstem vraagt om een bevestiging en meldt vervolgens dat een bedrag van 3,5 ECU van de rekening is afgeschreven. Maandagochtend, ergens in 2027. Automatische Voertuiggeleiding (AGV) is inmiddels een begrip. Op de A12 vormen honderden auto's op een speciale rijstrook een aparte colonne. Vanaf de oprit bij Gouda hebben computers de macht over het stuur overgenomen. Tijd voor een krantje en een croissantje. De trein van auto's houdt er ondertussen de vaart in, terwijl de afstand van bumper tot bumper maar anderhalve meter is. Een elektronisch systeem waakt daarover. Statistieken bewijzen dat dit duizend keer veiliger is dan de verkeerssituatie van dertig jaar eerder. Dan praat de auto: 'De afslag Den Haag nadert. U kunt het stuur na de afrit weer overnemen. De serviceprovider wenst u een prettige dag.'
In Amerika zijn al geslaagde testen met dit soort vervoer achter de rug. Rijkswaterstaat heeft op de nieuwe N11 bij Rijnwoude een eerste proefstrook ingericht voor de demonstratie van Automatische Voertuiggeleiding. Over een lengte van zes kilometer zijn speciale draden in het wegdek aangebracht. Deze zorgen voor een samenspel met de boordcomputer van de auto. Naar verwachting is het systeem over dertig jaar op alle grote verbindingen in de Randstad operationeel. Tegen 2050 is het hele hoofdwegennet er klaar voor. De wegen kunnen daardoor meer auto's verstouwen. En betaald rijden zorgt bovendien voor een selectie. Wie per se op een bepaald moment ergens naar toe wil, is ook bereid de beurs te trekken. Dat is althans de filosofie. Tegen de tijd dat AVG voet aan de grond krijgt, heeft rekeningrijden in de spits al aangetoond of die gedachte klopt.
Overheid en bedrijfsleven werken over een breed front aan het verbeteren van bereikbaarheid en leefbaarheid. De infrastructuur, de vervoermiddelen, de ondersteunende diensten en het gedrag van de reizigers hebben allemaal hun eigen plek in de verschillende toekomstscenario's. Maar in alle gevallen is duidelijk: reizen is straks vooral verstandig kiezen. Goede informatie legt daarvoor de basis. Deze heeft invloed op de beslissing over de aard van de reis, het tijdstip, de prijs en het gewenste gemak. De planning vooraf wordt makkelijker, maar ook het onderweg veranderen van de plannen. De reizigers staan in de toekomst voortdurend in contact met de polsslag van het verkeer. Ze krijgen gevraagd en ongevraagd adviezen. Over de verstandigste routes, hun plek in de verkeersstroom of zelfs hun rijgedrag. En bij gevaarlijke situaties reiken wegbeheerder of auto zonodig de helpende hand.

OUDE REUS BLIJFT ACTIEF Jarenlang is het sluizencomplex Nieuwe Statenzijl voor vrachtschepen het begin van Nederland. Vanuit Duitsland en Scandinavië komen er kolen, turf, hout en papier binnen. Na de oorlog krijgt het hele gebied een opknapbeurt. Ook het Winschoterdiep, dat daarmee een alternatief voor schippers wordt. Nu passeren er jaarlijks nog zo'n 300 plezierjachten, op weg naar het natuurgebied de Dollard. Dus is de 122-jarige sluis vooral belangrijk voor de afwatering van een 90.000 hectare groot gebied. Tot aan Klazienaveen zitten ze er droogjes bij.

EEN BAKEN IN RUST Het havenhoofd van Kraggenburg herinnert aan nattere tijden. Nu ligt het huisje er droogjes bij. In de tijd dat de Zuiderzee nog een drukke vaarroute was, gold Kraggenburg als een fier herkenningspunt. Lichtwachters gebruiken het om schepen veilig naar de haven van het Zwolse Diep te loodsen. Door de open verbinding met zee zorgde het getij voor dichtslibbende vaargeulen. Lange strekdammen deden dienst als wegwijzers. Met het leegpompen van de Noordoost polder, kwam ook het havenhoofd droog te staan.

WIJS MET WATER /3

ZIJN VADER MAG HEM GRAAG PESTEN. NOEMT HEM DE BESTE NIET-SCORENDE SPITS VAN TWENTE. MAAR ONDERTUSSEN DOLT ERIK BOLL DE VERDEDIGERS EN KUNNEN ZIJN PLOEGGENOTEN DE BAL ERIN TIKKEN. EEN ECHT VRIENDENCLUPPIE, DAT EERSTE VAN ENSCHEDESE BOYS. **OP ZATERDAG STEVIG STAPPEN. DE VOLGENDE DAG VOOR ELKAAR DOOR HET VUUR. EN, ALS HET EFFE KAN, DE WINST VIEREN. DAT BEGINT MET GEIN TRAPPEN IN HET KLEEDLOKAAL. GOOIEN, SMIJTEN, LACHEN. EN EEN GEZAMENLIJKE DOUCHE DIE ALLE VERMOEIDHEID WEGSPOELT. STRAKS LEKKER BIER, NU LEKKER WATER. VAN BEIDE IS GENOEG. GEEN DAG VAN Z'N 26 JAAR HEEFT HIJ DAARAAN GETWIJFELD. WATER?** DAT KOMT TOCH UIT DE GROND, AL EEUWEN?

DE ONTPLOFFING SCHUDT IEDEREEN WAKKER: PERS, POLITICI, PUBLIEK. DE RAMP BIJ DE ZWITSERSE CHEMIEREUS SANDOZ DRUKT DE LANDEN LANGS DE RIJN NOG EENS MET DE NEUS OP DE FEITEN. DE EUROPESE LEVENSADER IS KWETSBAAR. EN DE BETROKKEN OVERHEDEN WETEN AL EEN TIJDJE DAT ZIJ DANIG VERZIEKT IS. SOMS DOET EEN SCHOK WONDEREN MET BELEIDSMAKERS EN PUBLIEKE OPINIE. Op 1 november 1986 openen de zoetwaterexperts van Rijkswaterstaat een berichtencentrum. Het gaat informatie geven over waterstanden en vervuiling. De journalisten lopen er niet warm voor. Niet ééntje verschijnt er op een speciale persconferentie. Maar die nacht worden alle dingen anders. Het bluswater bij Sandoz jaagt kwik en andere chemische troep de Rijn in. Vissen draaien massaal de dode buik omhoog. Langzaam maar zeker nadert de gifbel Nederland. Rijkswaterstaat waakt. Drinkwaterbedrijven ontvangen waarschuwingen. Waterschappen worden voortdurend bijgepraat; zij zijn immers van oudsher de beheerders van het water. En de nationale en internationale pers is niet weg te slaan uit het berichtencentrum. De ramp stroomt snel en zonder zware gevolgen aan Nederland voorbij. De juiste stuwen staan open.

De affaire heeft een stevig staartje. De verantwoordelijke bewindslieden uit de verschillende landen steken de koppen bij elkaar. Het begin van een hele reeks verdragen: over waarschuwing, samenwerking, verbetering van de waterkwaliteit. De ministers gieten hun opdracht in een simpele slogan: de zalm moet terug in de Rijn! Het jaar 2000 vinden ze een goed meetmoment. Daarmee is de zalm, net als de panda, een symbool van verbetering.

De aantasting van het milieu kent vele gezichten. Algenbloei, verzilting, verdroging, vergiftiging. Op al die fronten is er strijd, zijn er successen en teleurstellingen.

Oppervlaktewater dat er uitziet als groene soep, gaan de waterbeheerders in toenemende mate te lijf met – wat dan heet – actief biologisch beheer. Ze proberen de natuur weer aan hun kant te krijgen. Rijkswaterstaat heeft daar uitgebreid onderzoek naar gedaan en praktische handleidingen over uitgegeven.

Bestrijding van de vervuiling kent een rijke traditie. Eerst aan het eind van de pijplijn met zuiveringsinstallaties. Daarna bij bedrijven aan de bron: met vergunningen, heffingen, controles en boetes. De Sherlock Holmes-verhalen van de controleurs zijn talrijk en smakelijk. Nu staan de voorkomers van vervuiling voor een minder grijpbaar probleem. Pak ze maar eens aan, de miljoenen kleine bronnen: van zinken dakgoten tot visloodjes.

Het bestaat: verdroging van een toch natte natie als Nederland. Zo'n 630.000 hectare hebben daar al stevig last van. Bijvoorbeeld de duinpannen in Noord- en Zuid-Holland, de beekgebieden in Gelderland, en het hoogveen in het Brabant/Limburgse Peelgebied en het Noord-Nederlandse Wingelderveld en Fochtelooërveen. Voldoende watertoevoer ligt aan de basis van behoud en herstel. In periodes van weinig watertoevoer is dat een kwestie van de armoe verdelen.

DE HOOFDKRAAN VAN NEDERLAND De Waal kent geen stuwen. De stuw bij Driel in de Nederrijn is de eerste die Rijnwater voor de kiezen krijgt. Hiervoor is een regelende taak weggelegd. Hoeveel water mag de Lek in? En hoeveel gaat naar de IJssel? De doorspoeling van het IJsselmeer, de drinkwaterwinning bij Hagestein, de waterkracht-centrale bij Amerongen en het scheepvaartverkeer zijn afhankelijk van een juiste druk op de knop.

MAATLAT VOOR DE NATUUR Amoebe, eencellig leven, grillig van vorm. Maar ook de naam van de methode om te meten wat de grillige effecten zijn van menselijk ingrijpen in de natuur. Een mooi peiljaar is 1930. De ecologie is dan nog redelijk ongeschonden, de cijfers betrouwbaar. Jaarlijkse monitoring toont hoe dicht het ideaal nadert. 75 Procent van de belangrijkste natuurlijke soorten is aanvaardbaar. Bij minder volgt actie, zoals het verleggen van oevers, variëren met het waterpeil of beperken van de pleziervaart.

DE ARMOEDE VERDELEN In droge tijden is er een verdeling van het schaarse water. Veiligheid staat te allen tijde voorop. Dan komt onomkeerbare schade aan de natuur. Drinkwater volgt op de voet. De afname door bedrijven en glastuinbouw heeft ook hoge priori-teit: ze kunnen geen dag zonder en de economische belangen zijn groot. De elektriciteitscentrales hebben nationaal en internationaal uitwijkmogelijkheden. En de landbouw en de scheepvaart kunnen wel een paar dagen zonder en zijn dan ook hekkensluiter.

ZALM EN FOREL LATEN ZICH WEER PAAIEN. SCHONER WATER VERLEIDT DE EERSTE ZEEBEWONERS TOT EEN REISJE LANGS DE RIJN. CATERING EN GASTVRIJHEID IN DE RIVIER WORDEN MET HET JAAR BETER. Sluizen, dammen, stuwen en keringen, maar vooral vervuiling, hebben de trekvissen uit Maas en Rijn verdreven. Langzaam maar zeker probeert de mens het goed te maken. Enkele honderden zeeforellen moeten daarbij helpen. Daarvoor ondergaan ze eerst een onschuldige operatie. Ze krijgen een klein zendertje in de buik. En een nummerplaatje bij het oog. Op die manier is hun trek te bestuderen.

De sportvisser kan zijn ogen niet geloven. Een vette zeeforel! Dan herinnert hij zich een advertentie van Rijkswaterstaat in het hengeltijdschrift. De strekking: zalm en zeeforel moet terug in de rivieren. Daar sluit de visser zich van harte bij aan. Hij noteert het nummer van het oogmerkje en zet de spartelende vis voorzichtig terug. Hij verstuurt een meldkaart. Het 'Project Migratie Zeeforel' is blij met elk levensteken. Zo moet duidelijk worden waar bottlenecks zitten op de weg naar de plekken voor het liefdesspel van de forel, diep landinwaarts.

Het bedenken van de noodzakelijke techniek gebeurde in samenspraak met het bedrijfsleven. In feite gaat het om reusachtige anti-winkeldiefstal-poortjes. Op veertien plaatsen zijn op de bodem van de rivieren kabels neergelegd. Deze sturen een signaal dat communiceert met de zendertjes in de vissen. Elk dier heeft een eigen code. Daardoor is precies vast te stellen welke vis op welk tijdstip een poort passeert.

Waterkwaliteit is geen nationale opgave. De Europese ministers slaan in december 1986 de handen ineen. Zij maken de zalm symbool voor verbetering. Dik veertig jaar is hij weg geweest. Nu komt hij schoorvoetend terug. De oude tijden herleven nog lang niet. In 1885 werden in de Rijn zo'n 250.000 exemplaren gevangen. Tegenwoordig is het verheugend nieuws als een handvol zalmen het Duitse riviertje de Sieg bereikt.

Het Nederlandse onderzoek helpt. De keuze voor zeeforel is logisch, omdat zalm na het paaien sterft. Een forel zwemt terug naar de Noordzee. Diens gedrag is dus uitgebreider te bestuderen.

De eerste resultaten zijn hoopgevend. Speciale vistrappen, waardoor de dieren stuwen en andere hindernissen kunnen omzeilen, bewijzen hun waarde. Daarnaast lijken nevengeulen een voorwaarde. In deze rustige zijwaters kunnen allerlei kleinere organismen, lekkere en noodzakelijke hapjes voor zalm en forel, tot ontwikkeling komen. Een proefproject bij het Gelderse Druten moet daar meer licht op werpen. Er wordt alles aan gedaan om eten en verblijf voor deze graag geziene gast te verbeteren.

DAGBOEK Sinds 1 maart 1998 hebben 177 zeeforellen een zendertje, waarmee Rijkswaterstaat ze volgt. Het dagboek van nummer 174.
09-07-1997: gemerkt in het Haringvliet.
19-07-1997: een teken van leven uit de Beneden Merwede.
20-07-1997: een sprintje getrokken naar de Waal
27-07-1997: 174 passeert de Duitse grens bij Xanten
01-01-1998: na vijf maanden komt hij daar weer terug
22-01-1998: wederom gesignaleerd in Xanten
08-02-1998: een visser uit Düsseldorf slaat 174 aan de haak.

ER ZIT EEN LUCHTJE AAN Bestrijdingsmiddelen vormen een ernstige bron van waterverontreiniging. Boeren mogen daarom vlak langs de waterkant niet spuiten. Maar via regen komen toch grote hoeveelheden in het oppervlaktewater terecht. Er is nog een andere boosdoener: de wind. Minstens een kwart van de 12 miljoen kilo bestrijdingsmiddelen die Nederland jaarlijks gebruikt, komt in de lucht terecht. Voor de Noordzee, die toch ver van de spuiters vandaan ligt, is de atmosfeer de voornaamste bron van bestrijdingsmiddelen. Het spul komt zelfs uit Spanje.

GEEN DONDERSLAG BIJ HELDERE HEMEL Meten is weten. En met de juiste gegevens laat de beleidsmaker zich niet verrassen. DONAR is niet alleen de god van de donder, maar ook de naam van een databank. Daarin alles over golven, waterstanden, weer. Over chemische stoffen in water, bodem, slib en bagger. Over de hoogtes van duinen en oevers. Over de bodemhoogtes van de zee, de meren en rivieren. En ook nog over planten en dieren die onder water of in natte gebieden voorkomen.

WRATTEN, HUIDZWEREN, WEGGEROTTE VINNEN, KROMME RUGGENGRATEN EN LEVERKANKER. DE VISSEN VOOR DE KUST ZIJN ZIEK. ALLE REDEN OM HUN VERPESTE LEEFOMGEVING EEN OPKNAPBEURT TE GEVEN.

Ze hebben allemaal last: schar, kabeljauw, baars, wijting, haring en karper. Maar de bot spant toch wel de kroon. Deze platvis leeft in de riviermondingen en dicht onder de kust. Hij krijgt de ingrepen van de mens direct en het meest over zich heen. Een geschikte graadmeter dus. Met praktijkproeven probeert Rijkswaterstaat te achterhalen welke de ziekmakende factoren nu precies zijn. Hij werkt daartoe samen met de universiteiten van Utrecht, Wageningen, Nijmegen en Amsterdam, met een TNO-laboratorium en met onderzoeksinstituten op het gebied van visserij, volksgezondheid, milieu en natuur. In grote, kunstmatige waterbekkens krijgt de bot vervuild slib, temperatuurveranderingen en verschillende zoutgehaltes over zich heen. Antwoorden en nieuwe vragen zijn het gevolg. PAK's, koolwaterstoffen die vrij komen bij verbrandingsprocessen, zijn vrijwel zeker schuldig aan kanker. In brak water echter ontwikkelen zich nauwelijks tumoren. Een nieuw vraagteken. Onnatuurlijk grote schommelingen in het zoutgehalte lijken de weerstand van de vissen aan te tasten en ziekten uit te lokken. Zo'n situatie treedt bij spuisluizen op. Ook wratten zijn een gevolg van geringere weerstand: door vervuiling.

De noodzaak vervuiling terug te dringen staat buiten kijf. Verder kunnen geleidelijke zoet-zout-overgangen in spuisituaties helpen. Daarbij is te denken aan moerassen, waardoor het zoete water minder plompverloren in open zee terecht komt.

VISTRAP

GESTUWDE RIVIER

VISTRAP

MAG HET IETSJE MINDER ZIJN De vis wordt duur betaald. Ook in Nederland. Neem nu verse zalm. Daarvoor moet de fijnproever flink in de buidel tasten. In het begin van deze eeuw ligt dat anders. De Rijn zit nog vol met deze delicatesse. Vissers hebben altijd beet en hun vangst gaat voor een habbekrats over de toonbank. Geen deftig maaltje dus. En elke dag hetzelfde is iets om je neus voor op te halen. Zo laten dienstmeisjes uit Gorinchem zelfs een speciale bepaling in hun contract opnemen. Hard werken vinden ze best. Zolang er maar géén zalm op het menu staat.

GOUD VAN OUD Een reisje langs de Rijn, Rijn, Rijn. Dit vrolijke wijsje zingen Willie en Willeke Alberti in de jaren zestig. Zij kunnen ook niet weten dat deze levensader al gauw het grootste riool van Europa wordt. Internationale verdragen keren het tij. Net op tijd. Inmiddels zwemt er weer volop allerlei vis rond. De zalm laat nog op zich wachten, maar beroepsvissers hebben aan de rivier weer een behoorlijke boterham. Het singletje kan weer uit de kast.

DE ZEE ALS VUILNISBELT Flessen, piepschuim, blikjes, plastic zakken, en ga zo maar door. Driemiljoen kilo huishoudelijk afval van schepen spoelt elk jaar op het Nederlandse strand aan. Gedumpt op de Noordzee, direct voor onze nationale voordeur. Driemiljoen kilo afval drijft richting oceaan. En veertienmiljoen kilo zakt naar de bodem. Die is al gauw een vuilnisbelt.

GEMAK DIENT DE VIS De vis in de Overijsselse Vecht paait bij voorkeur bovenstrooms. Maar riviervis heeft geen vleugels. Dus blokkeren zes metershoge stuwen jarenlang de weg naar het bovenstrooms walhalla. Inmiddels zijn naast de stuwen vistrappen gebouwd. Zo'n twintig vissoorten nemen de trap. Fit en onbeschadigd bereiken ze de paaiplaats. Stroomafwaarts kan de vis kiezen: weer de trap nemen of in vrije val over de stuw.

VISSEN LEGGEN HET LOODJE Elk jaar wordt bijna eenderde van alle vis uit de Noordzee gevangen. Daarvan komt driemiljoen ton aan wal: 1,2 miljoen ton voor consumptie en 1,8 miljoen ton voor vismeel en olie. Maar de werkelijke vangst is veel groter, want voor elke vis die de haven bereikt gaan er twee dood overboord. Onbruikbaar.

EEN REUSACHTIGE HOLLE KIES LIGT MIDDEN IN HET MEER. HIJ WACHT OP Z'N VUL-LING: TWINTIG MILJOEN KUUB GIFTIG SLIB. OPGERUIMD STAAT NETJES. Het Ketelmeer

BOUWEN

is niet het plezierigste stukje Nederland. Trekvogels vliegen liever een blokje om. Verraderlijke winden blazen boten maar al te vaak uit hun koers. Maar het werkelijke venijn zit onder de waterspiegel. Vijftienmiljoen kubieke meter slib: klei, doorspekt met zware metalen, koolwaterstoffen, bestrijdingsmiddelen en andere levensbedreigende ellende. Neergedaald waar de rivier breder water bereikt en haar kracht verliest. Een erfenis van decennia weinig gewetensvol lozen langs de Rijn. Er dreigt last voor drinkwaterleverancier IJsselmeer en omliggende landbouwgebieden. De hele voedselketen blijkt in gevaar, want het dierenleven is misvormd: van muggenlarve tot zoetwatervis.

Op de achterkant van een sigarendoosje is uit te rekenen dat het om zesduizend Olympische zwembaden vol giftig slib gaat. Schoonmaken van dergelijke hoeveelheden is nu nog onbetaalbaar. Bovendien technisch bijna onbegonnen werk. Afgraven, verslepen en opslaan is het alternatief. Dat vraagt om een depot dat in de wereld zijn gelijke niet kent. Het Ketelmeer zelf blijkt de beste locatie. Geen transport over lange afstanden. Geen gevaar voor morsen van gif op onbesmet gebied. Goede mogelijkheden voor een natuurvriendelijke facelift van het gebied. Maar het begint allemaal met bouwen en sjouwen. Er is een ronde put nodig met een doorsnee van dik een kilometer, vijftig meter diep. Een dikke laag klei op de bodem en pompen om de waterstand laag te houden, moet voorkomen dat de vervuiling weglekt. Een tien meter hoge ringdijk omcirkelt het geheel. En als de put vol is, komt er een deksel van schone klei of zand op. Maar dan zijn we twintig jaar en 250 miljoen gulden verder.

Hollands Glorie herleeft. De halve Nederlandse baggervloot vaart uit: wormwielzuiger, schijfbodemcutter, veegzuiger. De operatie biedt inspiratie om baggertechnieken te verfijnen. Een rubberen kap om de schep voorkomt morsen met gif. De gemiddelde sliblaag in het Ketelmeer is slechts een halve meter dik, terwijl baggeraars gewend zijn om happen van tachtig centimeter te nemen. Met het meenemen van schone grond zou de opslag veel te snel vol zijn. Dus moet het schoonschrapen tot op de centimeter nauwkeurig gebeuren. Meetbakens en satellieten helpen.

Zand en klei uit de put helpt het Ketelmeer om te toveren tot natuur- en pleziergebied. Met strandjes, eilandjes en moeras. Twee vaargeulen zorgen voor ongehinderde doorvaart. Belangrijker is misschien nog wel, dat zodoende het water uit de IJssel niet tegen een muur van weerstand botst. Kampen heeft al last genoeg van hoogwater.

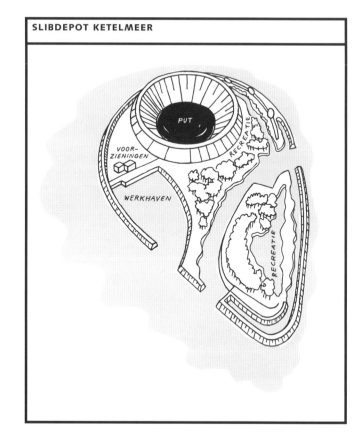

SLIBDEPOT KETELMEER

MET HET OOG OP DE CIJFERS IJsseloog. Een prijsvraag levert die naam op voor de slibopslag in het Ketelmeer. Er komt ongeveer twintig miljoen kubieke meter slib, klei, veen en zand uit de reuzenput tevoorschijn. Deze krijgen een nuttig gebruik: een ringdijk, de aanleg van een aanpalend natuur- en recreatiegebied en de zandhandel. Het depot en de bijbehorende voorzieningen beslaan 140 hectare. Natuur en recreatie worden er 110 hectare beter van. Totale kosten: 250 miljoen gulden.

GEBITSCONTROLE ONDER WATER De vervuiler vernietigt. Dat blijkt onder meer in het Ketelmeer. Het slib dat daar in tientallen jaren is neergedwarreld, vormt een bedreiging voor de natuur. De belabberde gebitjes van de muggenlarven liegen er niet om: onvolgroeid, misvormd. Via de larven komen de giftige stoffen en de daarbij behorende afwijkingen in de voedselketen terecht. Eén van de signalen om in actie te komen.

AARDEVERSCHUIVING Slibdepot Ketelmeer vraagt om heel wat gesleep met grond: 2,0 miljoen kuub verontreinigd slib van bouwlocatie naar tijdelijk depot / toplaag van 3,5 miljoen kuub klei en veen weghalen / 14,5 miljoen kuub zand uit de put halen / vervolgens 7,5 miljoen kuub zand verwerken in dijken / 7,0 miljoen kuub overtollig zand afvoeren / 15 miljoen kuub slib uit Ketelmeer baggeren en opbergen / 5 miljoen kuub vervuild slib van elders aanvoeren.

BELLEN BLAZEN. GEEN KINDERSPELLETJE, MAAR EEN SLIMME TECHNIEK. IN ZEESLUIZEN SCHEIDT EEN GORDIJN VAN LUCHTBELLEN HET ZOETE VAN HET ZOUTE WATER. VERGELIJKBAAR MET DE MANIER WAAROP EEN WARME LUCHTSTROOM BIJ WINKELDEUREN DE KOU BUITEN HOUDT. VLAK ACHTER DE SLUISDEUREN LIGT EEN PIJP VAN KUNSTHARS OF ROESTVRIJ STAAL OP DE BODEM. DAARIN ZITTEN PAKWEG HONDERD GAATJES. ZODRA DE DEUREN OPEN GAAN, PERST EEN COMPRESSOR ER LUCHT DOORHEEN. HET SOORT SCHEEPVAARTVERKEER EN HET ZOUTGEHALTE BEPALEN DE DRUK WAARMEE DAT GEBEURT. DE GAATJES STAAN IN MEERDERE RICHTINGEN, ZODAT ER EEN DIKKE MUUR VAN OPBORRELENDE BELLEN ONTSTAAT. ZEKER DE HELFT VAN HET ZOUT BLIJFT HIERDOOR BUITEN. PER SCHUTTING SCHEELT DAT AL GAUW ZO'N 150.000 KILO. DE BELLENSCHERMEN WORDEN TOEGEPAST OP PLEKKEN WAAR TE VEEL ZOUT HET MILIEU ZOU SCHADEN. EEN SOEPELE OVERGANG TUSSEN ZOET EN ZOUT IS OVERIGENS GOED VOOR DE NATUUR. NIEUWE INZICHTEN ZORGEN ERVOOR DAT MESSCHERPE SCHEIDINGEN VERDWIJNEN EN ZOUT WATER MONDJESMAAT BINNEN MAG.

BELLENSCHERM

TOPATLETEN ZULLEN HET NIET WORDEN, DE WACHTERS LANGS DE RIJN. TWEE MINUTEN TEGEN DE STROOM INZWEMMEN, ACHT MINUTEN RUST. EN NA EEN WEEK DE VRIJE NATUUR IN. VOORGOED VAKANTIE. ZE HEBBEN HET MAAR GOED, DE VISSEN VAN RIJKSWATERSTAAT. Een zuigarm van een meter of vijfentwintig dobbert op de rivier. Op een meter diepte slurpt hij voortdurend vers Rijnwater op. De testsystemen aan boord van laboratoriumschip Lobith weten daar wel raad mee. Een deel van het water gaat, als een kunstmatig zijriviertje, naar de bak met goudwindes. Deze twaalf tot zestien centimeter lange visjes moeten alarm slaan waar chemische proeven falen of niet snel genoeg zijn. Fris en vrolijk zwemmen zij tussen twee roosters van roestvrij stalen buisjes. Totdat vergiftigd water opduikt. Dan raken de vissen van de kook of – waarschijnlijker – verliezen ze hun conditie. Het lukt hun niet om hard genoeg tegen de stroom op te blijven zwemmen. Om de haverklap tikt de staart het rooster aan. De computer registreert elk contact. Na vier periodes met elk zestig aanrakingen gaan lampjes knipperen en bellen rinkelen. Zonodig roept 's nachts een pieper bemanningsleden terug naar het schip. Aanvullende testen moeten uitwijzen wat er ineens mis is met de Rijn.

De visbewaking is onderdeel van Aqualarm. Dit systeem houdt van uur tot uur de kwaliteit van het water bij. De voornaamste voelhoorns zijn twee meetschepen, drijvende laboratoria. Ze liggen waar de grote rivieren Nederland binnenkomen: bij Lobith in de Rijn en in de Maas bij het Limburgse Eijsden. De computer verzamelt analyses van watermonsters en trekt bij gevaar aan de bel bij drinkwaterbedrijven, rivierbeheerders en waterschappen. Zuurstof, zuren, zouten, temperatuur, geleidendheid, bestrijdingsmiddelen: het hele zaakje wordt gemeten. Waar ingewikkelde chemische technieken tekort schieten, helpt de natuur een handje.

De vissen doen het werk overigens niet alleen. Even verderop dartelen twintig watervlooien in een grote glazen reageerbuis met steeds vers rivierwater. Infrarood-aftasters tellen hun bewegingen. Paniek of versuffing als gevolg van giftige stoffen zorgen voor andere resultaten. De meters slaan uit, het alarm werkt. Temperatuur beïnvloedt het gedrag. Dus wordt het water voorverwarmd, of gekoeld, tot de voor hen aangename temperatuur van rond twintig graden. Ook is het belangrijk heel jonge watervlooien te nemen: minder dan een dag oud. Na een dag of zeven, acht, slaan ze aan het jongen en kloppen de testresultaten niet meer. Vooral in de zomer is het oppassen geblazen, dat een vroegrijp type de tellingen niet in de war stuurt.

←←SLUIS TERNEUZEN, LUCHTBELLENSCHERM 191 ↗↗

ALGENALARM Algen vormen de nieuwste biologische bewaking. In gezonde toestand nemen ze licht op dat ze in het donker teruggeven. Een volautomatisch systeem pakt elk half uur een hapje rivierwater, voegt daar een paar gram algen aan toe, zet er tien minuten een lamp op en meet in een donkere kamer de energie-uitstoot. Door slecht water verzwakte algen zijn gewoon trager. En dat is ook een signaal.

LIK OP STUK De vervuiler betaalt. Een gevleugeld gezegde. Een oude afspraak bovendien. Dat is maar goed ook. Voor het verwijderen van een olievlek voor de kust bijvoorbeeld zet Rijkswaterstaat een speciaal oliebestrijdingsschip in. Kosten per dag: dertigduizend gulden. Dus is het zaak om elke milieu-boef meteen in de kraag te grijpen. Een eigen controle-vliegtuig voert daarom dagelijks vluchten boven zee uit. In 1997 lopen zestig overtreders tegen de lamp. Naast de schoonmaakkosten moeten zij ook een flinke boete betalen.

ONKRUID VERGAAT NIET. CHEMISCHE VERDELGINGSMIDDELEN PROBEREN DEZE VOLKSWIJSHEID TE ONTKRACHTEN. JAAR IN JAAR UIT. HET BLIJKEN SLUIPMOORDE-NAARS VOOR DE KWALITEIT VAN ONS WATER. Waakzaamheid loont. Op 28 mei 1993 gooit water-winningsbedrijf De Brabantse Biesbosch de deur naar zijn reusachtige spaarbekkens op slot. Diuron heet de boosdoener. Er zit meer dan eenmiljoenste gram van dit goedje in een liter Maaswater. En daarmee is de veiligheidsnorm overschreden. De stroom gif houdt wekenlang aan. De ongerustheid grenst aan paniek. Een persbericht geeft fruit- en champignontelers de schuld. Deze ontkennen in alle toonaarden. Spekkie naar het bekkie van kranten, radio en televisie. Tijd voor een grootscheeps onderzoek van Rijkswaterstaat, waterschappen en het drinkwaterbedrijf. De telers krijgen het gelijk aan hun kant. De vervuiling vindt z'n oorsprong in oneindig veel kleine bronnen. Tal van gemeen-tes in Limburg en Brabant gaan er het onkruid tussen hun stoeptegels mee te lijf. Door regen komt het in het riool en van daaruit uiteindelijk in de Maas. Verbieden is er niet bij. Op landelijke of internationale zwarte lijsten komt Diuron niet voor. De gebruikers zijn zich ook van geen kwaad bewust. Regels aanpassen is een weg van lange adem, dus valt de keuze op de noodklok. Alle Maas-gemeenten ontvangen een brief met de gevolgen van Diuron. Daarin staan ook alternatieven. Het appèl op het verantwoordelijkheidsgevoel van gemeentes is overduidelijk. Steeds meer kiezen er voor veegmachines en menskracht. Het middel verliest terrein. Op 1 januari 1997 legt Eindhoven zich als eerste via een officiële afspraak vast: Diuron gaat in de ban.

KOELKAST BIEDT UITKOMST Als de nood aan de man is, heb je altijd nog de koelkast. Voor waterbeheerders moet dat een geruststellende gedachte zijn. Soms worden ze geconfronteerd met plotselinge vis-sterfte, of met vogels die minder eieren leggen. Ze denken aan gif in het water. Een duik in de koelkast levert zekerheid. Daar ligt een buisje met tien eitjes van minikreeftjes. Als die zich in het verdachte water gewoon ontwikkelen, is er niks aan de hand. Jongt het niet aan, dan is het tijd voor een chemische analyse.

MEETTECHNIEK STIJGT TOT GROTE HOOGTE Ingenieur Cornelis Lely ver-richt in 1882 de eerste Nederlandse nauwkeurigheidswaterpassing. Een heel gesjouw met meetbakens en kijkers. In een uur komt een handvol gegevens boven tafel. Tegenwoordig doet een vliegtuig vanaf driehonderd meter hoogte dat werk met laserstralen. Supersonisch veel sneller, stukken nauwkeuriger. Vijfhonderd metin-gen in één seconde. En passant is met die techniek ook de kwaliteit van het oppervlaktewater in kaart te brengen: doorzicht, chlorofyl en zwevend stof.

DE ZOETE WERKELIJKHEID Rijkswaterstaat stopt suikerstaafjes in de grond. Dat gebeurt op de Zeeuwse Plaat van Baarland op slikken en schorren, de soms droogvallende stukken buitendijks. Hij doet dit om te onderzoeken welke gevolgen ingrepen van de mens hebben. Water lost de gekleurde suiker op en deze trekt sporen in het zand. Op die manier is te zien wat er met het zand en dus met de bodem-beweging is gebeurd.

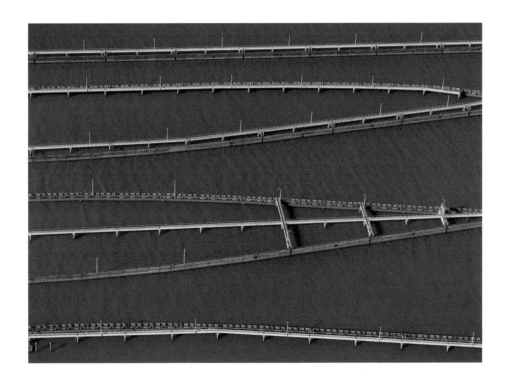

ANTI-VERVUILING Een verkeersplein in zee. Automobilisten moeten er kiezen tussen Noord-Brabant en de Zuid-Hollandse eilanden. Maar het Hellegatsplein heeft vooral ook waterstaatkundige betekenis. Vanaf dit voormalige werkeiland zijn de dammen naar Willemstad en Flakkee gebouwd. Het vuil in het water uit het Hollands Diep kan nu niet meer het Volkerak-Zoommeer op om daar te bezinken. Dat voorkomt grove schade aan dit natuurgebied, dat overigens scheepvaart goed verdraagt.

↑PANNERDENSE KOP

'DOMME BOEREN ZIJN UITGESTORVEN. ALLEEN VERSTANDIGE ONDERNEMERS KUNNEN OVERLEVEN. TOCH KRIJGEN WE AF EN TOE EEN MOPPERPOT AAN DE LIJN. **DIE VRAAGT OF WE HEM WILLEN VERZUIPEN.** DAT GEBEURT VOORAL IN HET VOORJAAR ALS ZE MOETEN ZAAIEN. JUIST DAN HOUDEN WIJ BEWUST HET GRONDWATERPEIL IETS HOGER. ALS APPELTJE VOOR DE DORST. VERDROGING IS NAMELIJK HET ERGSTE WAT ZO'N GEBIED KAN OVERKOMEN. PECH VOOR DE BOER, MAAR HET MILIEU HEEFT HIER EEN STREEPJE VOOR. EEN INGENIEUS SAMENSPEL VAN STUWEN EN MINI-GEMAALTJES HOUDT DE BOEL OP PEIL. DE OUDE RIJN EN HET PANNERDENS KANAAL OMARMEN OP DIE MANIER EEN PRACHTIG, BINNEN-DIJKS NATUURGEBIED VAN VIJFDUIZEND HECTARE. EN DAAR GENIETEN DIE BOEREN OOK VAN.'

GELDERSE VALLEI

MARTIN NIEUWENHUIS
WATERSCHAP RIJN EN IJSSEL.

←OVERLAAT PANNERDEN 101 ⇟

↑JULIANAKANAAL 197 ⇟

GROENE RIVIER Een rustig weidegebied: gewoon groen, niks rivier. Dat zijn de uiterwaarden langs het Pannerdens Kanaal, een aftakking van de Waal. Maar dan komt uit Duitsland veel water opzetten. Een deel van de overvloed mag alvast een stukje de uiterwaarden in totdat het op een dwarsliggende dam botst. Deze heeft een uitgekiende hoogte en bouw. Want zodra de dijken langs de Waal in gevaar komen, mag het water over de dam. De groene rivier stroomt.

TERUG NAAR AF Het Julianakanaal is er voor de scheepvaart. De slingerende Grensmaas voor de natuur. Beide voeren ze het uit België afkomstig water af. Behalve als de aanvoer te klein is. Dan krijgt de Grensmaas voorrang. Per seconde gaan daar in elk geval tienduizend liter naar toe. Het mag ongehinderd zo'n twintig kilometer stromen. Bij Born zuigen pompen dan een deel van het water naar het veel hoger gelegen Julianakanaal. Daar stroomt het terug richting Maastricht voor een nieuw tochtje door de Grensmaas.

DE GROOTE PEEL HEEFT STEVIGE DORST. ZONDER VOLDOENDE WATER IS HET NATUURGEBIED TEN DODE OPGESCHREVEN. DAAROM KRIJGT HET PER UUR ZO'N VIERMILJOEN LITER WATER BIJ DE VOORDEUR AFGELEVERD. De Maas is een regenrivier. Dat betekent hollen of stilstaan. In de winter overlast. In de zomer mondjesmaat aanvoer vanuit Wallonië. Aan Rijkswaterstaat dan de taak om in het beheer de verdelende rechtvaardigheid te spelen. Als in Eijsden minder dan zestig kubieke meter per seconde Nederland binnenstroomt, is het tijd voor rantsoenering. Beneden de vijfentwintig kuub zijn de oplossingen uitgeput.

De Groote Peel, op de grens van Limburg en Brabant, meet 1350 hectare. Ze vormt een van de belangrijkste plukjes hoogveen die Nederland nog heeft. Sinds jaar en dag heerst er spanning met de wensen van de landbouw. Zo schrijft in 1919 de uit Deurne afkomstige bierbrouwer Frans van Baars een noodkreet aan Natuurmonumenten: 'Doe Uw best de Heeren te bewegen dit mooie land te onttrekken aan de schraapzucht van enkele boeren.' Daar tegenover staat een film die ontroerde Nijmeegse studenten in 1997 maken: 'Boeren met een groen hart'. Deze handelt over Milieucoöperatie De Peel, die de belangen van natuur en landbouw wil verzoenen. Dat doet ook de oplossing die thans praktijk is. Het gebied rond de Peel krijgt in droge periodes volop Maaswater. Het wordt aangevoerd via een stelsel van kanalen: de Zuid-Willemsvaart, het kanaal Wessem-Nederweert en de Noordervaart. Er is bewust voor gekozen om de kraan met rivierwater niet midden in de Peel open te zetten. De rijkdom aan voedingsstoffen zou het zurige veenmilieu danig in de war schoppen. De boeren daarentegen zien het graag komen. Hun sloten staan lekker vol. De Peel kan werken als een reuzenspons. Veenaanwas wordt niet langer getorpedeerd. Deze verdraagt namelijk niet dat er jaarlijks meer dan veertig millimeter water door de bodem naar beneden zakt. Water toevoeren is echter symptoombestrijding en kan niet eeuwig duren. De sloten in het hele omliggende gebied moeten dicht, afwatering is uit den boze. Het gebied wordt plas-dras gezet, zoals dat in vaktermen heet. Dat vraagt tijd, geld en zendingswerk. Er zijn schaderegelingen voor de boeren nodig. En vooral moet het inzicht groeien dat water niet langer elke economische activiteit volgt, maar dat het nu een meer ordenende functie heeft.

Maar ondertussen worden de sluismeesters in het Middenlimburgse Heel actief als ze de wateraanvoer bij Eijsden zien inzakken. Ze zetten de schuiven van hun stuwen alvast een beetje dicht: het is de kunst water zo lang mogelijk vast te houden. Dat heeft ook z'n weerslag voor de scheepvaart. Eén keer schutten van alledrie de sluizen in Heel, is goed voor 45 miljoen liter weglopend water. In tijden van droogte moeten de schippers daarom wachten tot de hele sluis vol schepen ligt.

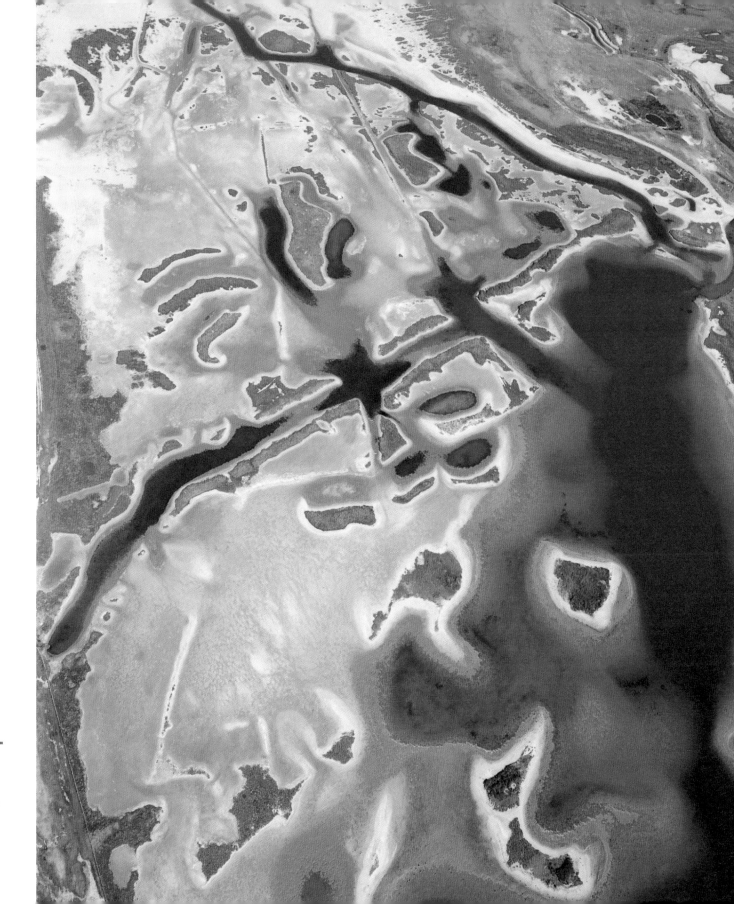

BELGIË-NEDERLAND: WINST VOOR DE NATUUR Een vrucht van natuur-
geweld: het Zwin. Een breuk in de duinen. Gekoesterd door
Nederlands-Vlaamse samenwerking. Samen helpen ze de natuur
een handje. Aan Nederlandse kant houdt een bulldozer de geul
open om verzanding tegen te gaan. Aan de Belgische kant houden
stroompjes, sluizen en dijken het natuurgebied lekker nat.
Daar verkopen ze ook het succes. Jaarlijks komen er zo'n 300.000
bezoekers kijken naar de zwartkopmeeuw, tureluur of wulp.
Ook een soort attractiepark.

TERMUNTERZIJL. EEN ONOOGLIJK SPATJE OP DE LANDKAART. TEGELIJK DE MEEST OOSTELIJKE BADPLAATS VAN NEDERLAND. EEN GENOT VOOR DE BEWONERS VAN DE PROVINCIE WAAR NIKS BOVEN GAAT. NIEUWE WEELDE: POOTJE BADEN OP DE PLEK WAAR VROEGER DE ZEE ALS EEN RIOOL SCHUIMDE. Terug in de tijd. Enkele tientallen

VERLEDEN

jaren in het verleden. Alles in het Groningse Oude Pekela stinkt naar rotte eieren, zelfs de beddenlakens. Dampen uit het Pekelder Diep tasten het complete leven aan. Ze kleuren zelfs het sierkoper zwart. Het water ten oosten van Veendam is ziek. Niet omdat het afwassopjes en darmflora rechtstreeks te verwerken krijgt. Een oppervlaktewater met een beetje karakter lost dat probleemloos op. Zelfreinigend vermogen, heet dat. Maar het Groningse water is z'n veerkracht kwijt. Lamgeslagen door lozingen van de lokale industrie. Suiker-, strokarton- en aardappelmeelfabrieken spuien stromen organisch afval. Verstikking, rotting, gisting op grote schaal. Het gebied draagt de naam 'Beerput van Nederland'.

Al in de jaren twintig wijst Rijkswaterstaat op deze bedreiging van leefmilieu en volksgezondheid. Er strijkt zelfs een speciale ingenieur in Groningen neer. Zuiveringstechnieken staan echter in de kinderschoenen, de kosten zijn hoog en de politiek hakt geen knopen door. Na acht jaar soebatten trekt de Tweede Kamer in 1922 de ontwerp-Riolenwet door het toilet. Het water blijft vogelvrij. Gemeenten als Den Haag, Amsterdam, Groningen, Delfzijl en Hoogkerk spuien hun afvalwater gewoon via een 'smeerpijp' een paar kilometer in zee.

Na de oorlog begint de grote schoonmaak. Rijkswaterstaat onderzoekt, adviseert beleidsmakers en draagt technische kennis aan. Gemeenten, waterschappen, heemraden en bedrijven bouwen riolen en zuiveringsinstallaties. Een lokaal verhaal. Elke stad of streek pakt de zaken anders aan. Landelijke beleid laat tot 1969 op zich wachten: tot de Wet Verontreiniging Oppervlaktewater zijn successtory begint. Vanaf dat moment zijn voor het lozen vergunningen nodig. Er zijn overtreders, opspoorders en boetes. Tot op de dag van vandaag.

En Groningen? Economische tegenslag jaagt in de jaren zeventig en tachtig bedrijven over de kop. Minder vervuiling is het spreekwoordelijke geluk bij een ongeluk. De overblijvende bedrijven organiseren hun productieproces schoner. Delfzijl bouwt, als één van de laatste gemeenten, een zuiveringsinstallatie. De smeerpijp braakt in 1992 z'n laatste rotzooi uit. Om de hoek van het havenstadje, aan het Eems-Dollard estuarium, wordt een strandje opgespoten. Er komt een camping. Termunterzijl staat ineens op de recreatiekaart van Nederland. Waar eens industriële drollen dreven, dobberen nu toeristen op hun luchtbed.

SLUIPEND VUIL Fabrieken zijn van oudsher vervuilers. Makkelijk aan te wijzen, goed aan te pakken. De troep van de brave burger komt echter sluipend in het water. Een paar voorbeelden:
- koper uit drinkwaterleidingen
- zink uit dakgoten
- fosfaten en nitraten uit (kunst)mest
- lood uit visloodjes, jacht en benzine
- organo-tinverbindingen uit scheepsverf
- olie die achterblijft op de wegen

SCHOON SCHIP MAKEN Twaalfduizend huishoudens zonder vuilnisman. Varende bedrijfjes eigenlijk. De binnenschippers kieperen hun afval maar al te vaak buitenboord. Spoelwater, restlading, huisvuil, poetskatoen uit de machinekamer, chemische zooi. Het inzamelstation is ver, het water geduldig en de mist een deken die misstappen toedekt. Een scheeps milieu plan kan helpen. Minder afval maken, netjes opruimen. Belangrijk voor de schippers omdat Europa voorschrijft dat zij straks zelf voor de kosten moeten opdraaien.

'STRAKS IS DIT DE GROOTSTE TOERIS-
TISCHE TREKPLEISTER VAN NEDERLAND.
SCHOON WATER EN EEN PRACHTIG
STRAND. DE KALME KABBELING VER-
BERGT SOMS DAT WE EEN HEUSE ZEE
HEBBEN MET EB EN VLOED.' ELLIE DE
KUIPER IS EIGENARESSE VAN CAMPING 'ZEESTRAND'
IN TERMUNTERZIJL. TWINTIG JAAR GELEDEN
EEN STINKEND GEBIED. NU LIGT DAAR DE MEEST
OOSTELIJKE BADPLAATS VAN NEDERLAND.

MILIEUCONTROLEUR / GERARD HENDRIKS
VOORAL VEEL OVERLEG EN AF EN TOE EEN BOEF VANGEN

'HEEL AF EN TOE KOM JE ER NOG EEN TEGEN: ZO'N ONDERNEMER DIE WEGGESTAPT LIJKT UIT DE VORIGE EEUW. HIJ VINDT ONS MAAR LASTPOSTEN. STEEDS VAKER ECHTER ZIEN BEDRIJVEN ONS ALS PARTNER EN ADVISEUR.

Vroeger was dat wel anders. Dan kreeg je in de directiekamer de wind van voren. Maar ik zorgde er altijd voor om beslagen ten ijs te komen. Ik had een hele tas bewijsstukken bij me. Die toverde ik netjes voor z'n neus. Daar konden ook zijn milieucoördinator en jurist niks tegenin brengen. En een half uur later zat er dan een toegeeflijk mens voor me.

Op zo'n moment weet je weer waar je het allemaal voor gedaan hebt: al die metingen, het wroeten in slootjes en riolen, het doorvlooien van rapportages, het onverwachts binnenvallen bij bedrijven, het vergelijken van eindeloze reeksen gegevens, het interviewen van werknemers, de nachtelijke speurtochten over verlaten industrieterreinen.

Ons werk bestaat vooral uit voorkomen van problemen. Uit overleg. Uit het beoordelen van bedrijfsprocessen. Maar het blijft leuk zo nu en dan een boef te vangen. Zo eentje die een geheim systeem voor de lozing van afvalwater heeft gemaakt. Verborgen leidingen, buiten de geijkte meters om. Een dubbele boekhouding. Uitvoerige instructies aan het personeel. Noodscenario's voor als we komen controleren. Belachelijk, want het is waarschijnlijk goedkoper – en in elk geval eenvoudiger – om een fatsoenlijke oplossing te realiseren. En je bedrijf hangt dan ook niet in de prijzen voor tonnen boete.

De laatste tien jaar gaat het steeds beter. Bij de meeste bedrijven is een lampje gaan branden. Het milieu raakt ook hen. Zij mogen bovendien zelf de oplossing zoeken die het best bij hen past. En niemand ziet graag z'n goede naam te grabbel gegooid door boetes en verhalen in de krant.

Het is allemaal een kwestie van inzicht. Ik heb dat aan den lijve ervaren. Ik was schipper en had nog nooit van milieuzorg gehoord. Afval en olieresten gingen gewoon over boord. Het was mee-roeien op de grote stroom van onwetendheid. Toen er kinderen kwamen, koos ik voor een baan op de wal. Bij Rijkswaterstaat. Eerst als sluiswachter. Daarna bij de Scheepvaartdienst: m'n vroegere collega's een handje helpen, maar ook kijken of ze de regels in acht namen. Met die nieuwe pet op zag ik opeens wél al die aanslagen op de natuur. Toen ging bij mij de knop om. Vanaf 1988 help ik namens Rijkswaterstaat mee aan een beter milieu.

Het ouderwetse veldwerk sterft nooit uit. Maar we schakelen wel steeds meer moderne technieken in. Bijvoorbeeld Telemeten. Straks kunnen we vanaf elke plek en op ieder moment als het ware meekijken in de afvalstroom van een bedrijf. Via de computer. Toch pak ik af en toe m'n spullen en trek erop uit. Monsters nemen. Een meet-opstellinkje in elkaar knutselen. Of met een patrouilleschip het water op. Want daar ligt toch m'n hart.'

Gerard Hendriks is handhaver milieu. Voor het lozen van afvalwater hebben bedrijven een vergunning nodig. En daar houdt Rijkswaterstaat hen aan. Overtreders opsporen dus. Vroeger was dat zelfs een hoofdtaak. Nu ligt het accent op advies, overleg en samenwerken aan goed dichtgetimmerde milieuplannen.

GRAF VOOR VUILE GROND Zonder De Slufter zou de Rotterdamse haven aan de blubber ten onder gaan. Om de vaarwegen open te houden, is baggeren pure noodzaak. Bij de Maasvlakte ontvangt een gigantische kuil van 150 miljoen kuub de vervuilde grond. Om het gegraven gat zit zeven kilometer zanddam en beschermend folie. De baggerspecie wordt voor tweederde weer bruikbaar gemaakt door er schoon zand uit weg te wassen. Drie vliegen in één klap: schoner water, toegankelijke vaarwegen en volop zand.

VAN VALLEI NAAR PARADIJS Driehonderd hectare meet slibopvang De Slufter. Compensatie voor de verjaagde vogels is op z'n plek. De Vogelvallei, veertig hectare groot, wordt de tijdelijke opvang. Door z'n succes heet deze in de volksmond al gauw de broedfabriek. Een Vogeleiland blijkt minder geslaagd. Na drie jaar spoelt een storm de laatste nestelende vogels weg. Nu steekt er nog maar een topje boven water uit. Maar dan de Kleine Slufter, ten zuiden van z'n grote slibvretende broer. Het blijkt meteen een vogelparadijs. Nog even en de broedfabriek kan gesloten worden.

NETJES DUMPEN Vaak is het water bij een sluis schoner dan in de rest van het land. Schippers denken wel drie keer voor ze klandestien een vaatje olie lozen. Want bij een sluis zit vaak een toezichthouder. Dat betekent een dikke kans om een proces verbaal aan de broek te krijgen. Om het lozen van chemische stoffen in rivieren tegen te gaan, staat er bij Lith een gebouw waar schepen dat afval kwijt kunnen. Daarvan wordt veel gebruik gemaakt. Geen wonder want het is in Brabant een van de weinige plekken waar dat goed kan.

ZOET ZOUT SCHEIDING

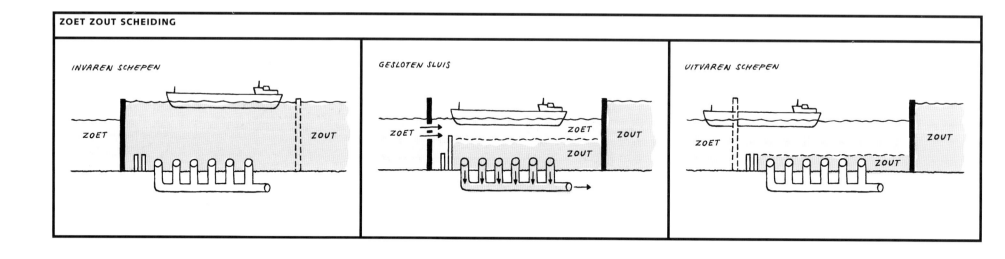

INVAREN SCHEPEN

ZOET
ZOUT

GESLOTEN SLUIS

ZOET
ZOET
ZOUT
ZOUT

UITVAREN SCHEPEN

ZOET
ZOUT
ZOUT

VALKUIL VOOR ZOUT Bij zeesluizen wil zout water maar al te graag naar binnen glippen. Lang niet altijd is het welkom. Daarom is voor het zout op sommige plaatsen een valkuil gegraven. Letterlijk. Zout water is zwaarder dan zoet. Bij het verlaten van de sluis loopt het zoute water in de put die achter de deuren is aangelegd. Vervolgens is het een klein kunstje om dat water terug te pompen. Er zijn ook allerlei andere, veel ingewikkeldere, systemen in gebruik.

WISSELTRUC Zevenhonderdduizend pakken zout. Dat is de hoeveelheid die naar het zoete Volkerak Zoommeer zou stromen als de Krammersluizen één keer de deuren openen. En dat schutten gebeurt zo'n dertig keer per dag. Verzilting dus. Om dat tegen te gaan, is in de sluis een dubbele bodem aangelegd. In de bovenste vloer zitten gaatjes. Daardoor kan het zwaardere zout water weglopen, terwijl boven evenveel zoet water wordt binnengelaten. Ook de omgekeerde weg is mogelijk. Onder komt zout binnen, boven stroomt zoet water weg.

MET PENSIOEN De grootste stoommachine ter wereld staat in Nederland. Tussen 1849 en 1852 zoog het Cruquiusgemaal samen met
twee collega's het hele Haarlemmermeer leeg. Een gebied van ruim
achttienhonderd vierkante kilometer. Cruquius geniet nu van zijn
pensioen. Met in zijn buik een museum. Maar z'n collega's houden
nog steeds een oogje in het zeil. Per etmaal komt uit de bodem
87.000 kuub zout water naar boven, zogeheten kwel. Wegmalen
dus. En soms zetten ze de geschiedenis op z'n kop: dan pompen ze
water de polder in. Zo draait de landbouw ook in droge tijden door.

↑HOLLANDSE IJSSEL 129 ∿

↑GEMAAL DE VOORST, NOORDOOSTPOLDER 040 ≋

→OMLEGGING ZUID WILLEMSVAART 162 ≋

VIESPEUK AANGEPAKT De smerigste rivier van Nederland ligt tussen Gouda en Rotterdam. Alle denkbare chemische verbindingen zijn daar ooit in de Hollandse IJssel terecht gekomen. Maar dankzij strenge wetgeving is de waterkwaliteit inmiddels verbeterd. Daarna is het baggeren gestart, over een lengte van achttien kilometer. Het verontreinigde slib gaat naar het Rotterdamse depot De Slufter voor een wasbeurt. De sanering van de oevers volgt later. Rond 2005 moet de Hollandse IJssel er weer piekfijn bijliggen.

ALLEEN ALS HET KWELT Voldoende water. Dat hebben ze al gauw in de Noordoostpolder. Het gemaal Smege bij De Voorst is een stille getuige uit de tijd van de droogmaking. Zijn hoogtijdagen zijn inmiddels voorbij. Nu draait het alleen nog op volle toeren bij veel neerslag of wanneer kwelwater stijgt. Vijfhonderd kuub per minuut is voor hem een makkie. Dat water loopt dan linea recta het IJsselmeer in, zuivering is niet nodig. Want vervuild is het daar niet: geen industrie die er afval in loost.

KANAAL KRIJGT VOELERS Achttien jaar is aan de omlegging van het kanaal bij Helmond gesleuteld. In het ruim tien kilometer nieuw vaarwater heeft ook de elektronica z'n intrede gedaan. Bij verschillende in- en uitlaatpunten zitten kleine voelers. Zij meten de waterstand en hun gezamenlijke uitkomsten vertellen de sluiswachter wat hij moet doen: water spuien, of juist de kraan dicht draaien. Zo blijft de waterstand in het kanaal op peil.

BIJ DROOGTE LATEN WE GEEN DRUPPEL ONNODIG WEGGLIPPEN

'DE EERSTE KEER ZAT IK WEL EVEN IN DE PIEPZAK. HET WATER RAAST MET FLINK GEWELD ONDER JE DOOR. EN DIE SCHUIVEN VAN ZO'N STUW ZIJN GROOT, HÉÉL GROOT. ALS ZE OMVALLEN, IS MIEKE PLAT. ZONDE!

Het is de kunst om het water in ons stuk van de Maas op het juiste peil te houden. Tot op de centimeter, als het effe kan. Bij sluis Linne: + 20.85 NAP. Dat doen we door de stuwen meer of minder open te zetten. Als droogte dreigt, hangen we er bijvoorbeeld extra schuiven in. Dat gebeurt buiten de normale werktijd. Een telefoontje naar huis is genoeg. Ik gooi m'n speciale stuwpak, veiligheidsschoenen en helm in de auto en ga naar de loods met de schuiven. Samen met een collega laad ik zo'n betonnen deur op een lorrie en laat het gevaarte met een kraan op z'n plek zakken. Ongelukken heb ik nooit meegemaakt. Maar prettig vond ik het in het begin niet, zeker niet bij rukwinden of gladheid. Maar alles went. De eerste keer op sluizencomplex Heel sloeg me de schrik óók om het hart. Er toeterde, knipperde en belde van alles. Tientallen beeldschermen keken me aan. Ik dacht: dat leer ik nooit. Maar nu sta ik op alle gebied mijn mannetje, want zo kun je dat in deze omgeving wel zeggen. Een mannenwereld. Ik was hier zeven jaar geleden de eerste vrouw. Zonder problemen. De mannen dachten misschien nog even dat een vrouw in de keuken en aan de ketting hoort, maar dat is voorbij. De sfeer is gezellig en collegiaal. Dat gedoe met de stuwen is maar een klein deel van het werk. We bedienen vooral vier sluizen. Twee op kilometers afstand. Dat betekent extra goed op de monitoren kijken. Want soms wil een jachtje na het rode sein nog tussen de sluitende deuren naar binnen glippen. Als je dan niet op tijd ingrijpt, is het kraaakk...

Het contact met de schippers wordt door al die techniek minder. Je ziet ze nauwelijks nog in levenden lijve. Wij zitten hoog en droog op onze controlepost achter de instrumenten. En moeten vooral kort en krachtig reageren via de marifoon, want de bazen vonden dat er teveel geklept werd. Dus als een schipper meldt dat hij overnachting zoekt, mag ik niet meer roepen dat hij maar een lekker plekje moet uitzoeken. Hij krijgt voortaan slechts een zakelijke aanduiding van de positie. Of het wederzijds begrip daardoor beter wordt, betwijfel ik.

Als in de zomer weinig water de rivier afkomt, moeten we zuinig aan doen. Dus gaan we beperkt schutten, want elke keer raken we vele miljoenen liters water kwijt. We zorgen dan ook dat de sluis steeds zo goed mogelijk vol ligt. Voor ons betekent dat passen en meten; voor de schippers vooral wachten. Mopperaars heb je natuurlijk altijd, maar meestal schikken ze zich probleemloos. Zeker als je uitlegt wat er aan de hand is: nu wachten of straks door watergebrek helemaal niet kunnen varen.'

Mieke Vercoulen is sluiswachter in het Limburgse Heel. Ze maakt deel uit van een team van 21 mensen. Ze bedienen twee sluizen ter plekke en twee op afstand. Ook de stuwen bij Linne en Roermond zijn hun werkterrein. Met een gezamenlijk verval van maar liefst zeven meter zijn deze belangrijk voor het regelen van het waterpeil.

VERZACHTENDE OMSTANDIGHEDEN Kanalen zijn strakke strepen in het landschap. Steeds vaker verandert dat en krijgt de natuur de ruimte. Milieuvriendelijke oevers en glooiende walkanten voor overstekend wild. De werklozen die in de jaren dertig het Twentekanaal groeven, zullen dat straks maar moeilijk herkennen. Het blijft ondertussen van doorslaggevend belang voor de waterhuishouding van Oost-Nederland. Als het water er te laag staat, gaat het gemaal naast de sluis bij Eefde draaien en zorgt de IJssel voor een nivellerend infuus.

VAN SCHUIM NAAR IJS Jarenlang is het Eems-Dollardgebied het openbare toilet van het Noorden. De zware industrie spoelt er met groot gemak even zo zware metalen door. En niet te vergeten: organisch afval. Schuim en stank zijn de gevolgen. Dankzij strenge wetgeving is dat voorbij. De Dollard krijgt redelijk schoon en zoet water vanuit de Ems. De overgang naar het zoute zeewater is daardoor vloeiend. De natuur bloeit op. En bij vorst kan er zelfs één grote bevroren plas ontstaan. Het is even wennen: van schuim naar ijs.

SCHOMMELEN MAAKT SCHONER Het waterpeil in de Dollard kan behoorlijk schommelen. Verschillen lopen wel op tot vijf meter. Die dynamiek is tot ver in het binnenland merkbaar. Er ontstaan natuurgebieden met een geleidelijke overgang van zout naar zoet water. Deze moerassen zuiveren het oppervlaktewater en voorzien in het voedsel van planten en dieren. Een hoger waterpeil kan zelfs weer veenvorming op gang brengen. En dat is weer handig om het toch al zo schaarse drinkwater langer vast te houden.

ROB DUIKT OP EN ONDER De zeehond is terug. Niet alleen op de wadden, maar ook in de Ooster- en Westerschelde. Zo'n 87 zijn er in totaal geteld. Hun verlanglijstje: stoppen met de jacht, minder PCB's in het water en privéstranden. Want andere badgasten en pleziervaart vinden ze storend. Rijkswaterstaat gaat accoord. Hij pakt de milieuvervuiling aan en werpt speciale droge platen op, met een diepe geul er omheen. Bij onraad kunnen de robben dan snel onderduiken.

ROZEN VERWELKEN, SCHEPEN VERGAAN... Vijftienduizend wrakken. Zoveel liggen er ongeveer in het Nederlandse deel van de Noordzee. Een enorme vervuiling is de eerste reactie. Maar zeebiologen denken daar toch anders over. Zij zien het juist als een verrijking van het zeeleven. Op en rond die vergane schepen groeien organismen die nergens anders in zee te vinden zijn. Lekkere hapjes voor vissen. Die zijn daar dan ook rijkelijk te vinden. Bovendien vinden ze er bescherming tussen de roestige resten van oude schepen.

↑KEERSLUIS ZEEBURG 085 ↗

OPGERUIMD STAAT NETJES Bedoeld als veiligheidsklep, maar inmiddels een overbodig obstakel voor de scheepvaart. Daarom mag de sloper komen. Keersluis Zeeburg haalt de eeuwwisseling niet meer. Vanaf de jaren zestig is ze beschermster van het hele gebied tussen Amsterdam en Wijk bij Duurstede. Nooit is ze in actie hoeven komen. Nu heeft ze haar nut verloren, omdat IJmuiden veiliger sluisdeuren heeft. Een vloedgolf vanuit zee komt er daardoor bij de voordeur al niet meer in. En ook de toenemende scheepvaart op het Amsterdam Rijnkanaal kan de keersluis missen als kiespijn.

→VEENKANALEN 019 ≋

UIT EEN BRUIN VERLEDEN Elke activiteit kent z'n eigen waterpeil. Tientallen jaren terug: voor turfsteken moet het zaakje eerst behoorlijk droog liggen. Afwateren dus. Watergangen maken dat mogelijk. Van deze vaarten maken ook de turfschepen gebruik. Inmiddels plukken de boeren er de vruchten van. Ze voeren regenwater af en bij droogte voeden zij het akkerland. Soms zijn de veenkanalen poepbruin en kun je niet eens een paar centimeter diep kijken. Geen reden voor zorg. Het is slechts de erfenis van de turf. De waterkwaliteit deugt. Menig gebied kan zich daaraan spiegelen.

WIJ DRINKEN OP BEZOEK IN VERRE LANDEN
HET WATER ENKEL ALS HET IS GEFLEST,
WANT ÉÉN SLOK UIT DE KRAAN IS AL FUNEST,
BIJVOORBEELD BIJ HET POETSEN VAN DE TANDEN.

NEE, WIJ ZIJN WIJS DOOR SCHADE EN DOOR SCHANDE
EN MIJDEN DUS DE TYFUS ALS DE PEST
OF OP Z'N MINST HET ROMMELIG PROTEST
VAN DE TOTAAL VERSTOORDE INGEWANDEN.

DOCH THUIS BESTAAN NIET DIT SOORT WANTOESTANDEN,
HIER IS HET WATER STEEDS PUBLIEK VOORHANDEN
DAT GRONDIG IS GEZUIVERD EN GETEST.

DUS VOOR WIE GRAAG Z'N DORST VERSTANDIG LEST
IS VAN OOSTGRENS TOT DE NOORDZEESTRANDEN
ONS LAND HET BESTE WATERWINGEWEST.

LOOP NAAR DE POMP

DRIEK VAN WISSEN

HAAGS BAKKIE MET ZACHTE G Een Haags bakkie vindt z'n oorsprong in
een ver koffieland en gedeeltelijk in de duinen. Maar oorspronkelijk
duinwater is voor de Hagenezen verleden tijd. De Andelse Maas bij
Giessen is de leverancier. Via een lange leiding gaat het water de
Scheveningse duinen in. Daar zakt het door het zand, voor een
natuurlijke zuivering. Voordat het uit de Haagse kraan komt, heeft
het water dus al een omslachtig reisje achter de rug.

ZOUTKELDER De Oesterdam is goed voor het milieu. Windmolens in de buurt getuigen daarvan. Maar de dam legt vooral ook een zoet-waterparadijs neer bij de voordeur van Bergen op Zoom. Bij hoog-water dreigt bij het schutten van de Bergsediepsluis zout water binnen te stromen. Daarom zijn vlak boven de bodem pijpen in de sluiswand aangebracht. Zout water is zwaarder dan zoet. Het bevindt zich daarom onderin de sluis. Van daaruit loopt het door die pijpen naar een ondergrondse kelder. Door deze leeg te pompen in de Oosterschelde blijft het zout buiten de deur.

RUSTIGE WACHTER Het kan niet eens varen, al zou hij het willen; het ponton van het Waterkwaliteitsstation in Eijsden. Rustig ligt het witte gevaarte van 45 bij 8 meter op zijn plaats bij de Belgische grens in de Maas. Continu water opnemend. Daarin van alles metend: zuurstof, zuurgraad, chloride, fluoride en verschillende organische stoffen. Want de Maas is, na de Rijn, de belangrijkste zoetwaterkraan van Nederland.

IJS HELPT IJs is een last. Het is een bedreiging voor de zwakke zuid-kant van de dijk tussen Enkhuizen en Lelystad. Maar ijs wil ook wel eens helpen. Om de hoogte van Nederland precies in kaart te brengen gebruikt Rijkswaterstaat onder meer een loden buis van tien kilometer. Het water staat aan beide uiteinden even hoog en is dus een goede maatstaf. In het groot kan dat bij een bevroren IJssel-meer. Wind en stroming heeft geen kans. Dus op een paar plaatsen een wak maken en de waterhoogte meten. Een omweg om de grote plas – met meer kans op onnauwkeurigheid – hoeft dan niet.

NORMAAL AMSTERDAMS PEIL. VIJFENVIJFTIGDUIZEND BRONZEN BOUTEN GETUIGEN DAARVAN. ZIJ ZIJN VERANKERD IN GEBOUWEN, BRUGGEN EN VIADUCTEN. VAN AL DIE PLEKKEN IS BEKEND HOEVEEL ZE BOVEN OF BENEDEN NAP LIGGEN. EN DAARMEE LIGT EEN FIJN NETWERK VAN HOOGTEGEGEVENS OVER NEDERLAND. ER IS ALTIJD WEL EEN BOUT IN DE BUURT OM JE AAN TE METEN.
DE AMSTERDAMSE KOOPMAN, BURGEMEESTER EN WISKUNDEGEK HUDDE LEGT HET FUNDAMENT ONDER DEZE MAATLAT. HIJ IS DE OVERSTROMINGEN VAN DE HOOFD-STAD SPUUGZAT. DAAROM LAAT HIJ EEN DIJK BOUWEN ZO HOOG ALS DE ZUIDERZEESLUIS BIJ MUIDEN. EEN VEILIGE HOOGTE. VERVOLGENS MEET HIJ EEN JAAR LANG DE VLOEDSTANDEN. HET GEMIDDELDE DAARVAN LIGT NEGEN VOET EN VIJF DUIMEN ONDER DE DIJKHOOGTE: 2.67 METER. HET OFFICIËLE STADSPEIL IS DAARMEE IN 1684 BEKEND. DE BURGEMEESTER LAAT IN ACHT VERSCHILLENDE SLUIZEN WITMARMEREN MERKSTENEN METSELEN OM DAT NIVEAU VAST TE LEGGEN. ELKE STAD OF GEBIED HEEFT Z'N EIGEN MAATLAT, BIJVOORBEELD: DELFLANDPEIL, FRIES ZOMERPEIL, WINSCHOTERPEIL. NEDERLAND VERHEFT HET AMSTERDAMS PEIL EIND VORIGE EEUW TOT NATIONAAL NULPUNT. EN DAARMEE IS DIT PEIL NORMAAL.

NAP

DIJK ENKHUIZEN - LELYSTAD + 6.40 NAP

SCHOON IS VEILIG De doodstraf is verleden tijd. Vroeger kon het boeren de kop kosten als ze hun sloten niet schoonhielden en zo de waterhuishouding verstoorden. Tegenwoordig wacht hen alleen een geldboete. Gemalen hebben een sleutelrol in die waterhuishouding. Zorgen voor voldoende – en vooral niet te veel – water is dan ook de taak van gemaal Zedemuden in Zwartsluis. Het duurt een half uurtje om het aan de praat te krijgen. Eerst vullen met water, koeling en olie controleren. Dan een opdonder van tienduizend volt om de pompen te starten. Maar dan jagen ze er ook 111.000 liter per seconde doorheen.

'VAN GROENE SOEP NAAR ZWEMPARA-DIJS. MET SOMS WEL DUIZEND BAD-GASTEN. KNAP WERK VAN DIE WATER-DOKTERS. ER IS WEER EVENWICHT. VISSEN, WATERPLANTEN ÉN ZWEMMERS PROFITEREN DAARVAN.' CARL LOGGER WAS 42 JAAR BADMEESTER IN ZWEMLUST TE NIEUWER-SLUIS. DE PLAS IS NA EEN DOOR RIJKSWATERSTAAT BEDACHTE OPERATIE WEER HELEMAAL OPGEKNAPT.

EEN GROENE SOEP, GEEN HAND VOOR OGEN TE ZIEN. NEDERLAND IS NIET BEPAALD EEN SNORKELPARADIJS. DAT GAAT VERANDEREN. De waterdokters hebben bedacht onze meren en plassen een shocktherapie te geven. Het helpt. Eutrofiëring. Het klinkt als een vloek. En dat is het voor de kwaliteit van het oppervlaktewater ook. Het bevat gewoon te veel plantenvoedsel, voornamelijk afkomstig van afvalwater en mest. Overal liggen oevers er inmiddels strak bij en zijn hun oude moerassigheid kwijt. Weg filterwerking, weg schuilplaats voor de snoek. Brasem en blankvoorn kunnen nu ongeremd de bodem omwoelen, modder opwervelen en watervlooien weg eten. Het evenwicht verstoord!

In de jaren '50 en '60 treedt de grote troebelheid in. Een explosie van algen. Een gordijn van donkerte. De planten op de bodem krijgen geen licht meer en sterven af. Vervuiling aanpakken werpt maar traag vruchten af. Rijkswaterstaat verzint een ongebruikelijke list: alle vis weghalen. De leek zou zeggen dat de natuur daarmee een doodklap krijgt, niks daarvan. Proeven bewijzen het.

Het is 1987. Zwemlust is al lang geen zwemlust meer. Op de anderhalf hectare grote plas langs de Vecht drijft jaar na jaar een deken van blauwalgen. De beheerder vist het water leeg. En strooit rijkelijk met grote watervlooien. Het werkt. De watervlooien doen zich tegoed aan de algen. Zelf worden ze niet bedreigd door visjes, want als een soort jachthonden zijn voor alle zekerheid snoeken uitgezet. Het water klaart op, de zon reikt tot de bodem en planten herwinnen er terrein. Zij zuiveren, ze voorkomen dat water en wind het slib van de bodem opjagen. Zwemmen is er weer een lust. Het evenwicht hersteld!

In Bleiswijk wordt een recreatieplas met gaas doormidden gedeeld. Uit één deel verdwijnt de vis, het andere blijft bij het oude. Onmiddellijk is er een verschil van dag en nacht: helder tegenover troebel. En toch dezelfde plas, met hetzelfde water.

De vuurproef vindt plaats bij het Wolderwijd, één van de Randmeren bij Flevoland. Ondanks spoelen met schoon water blijven de 2700 hectare troebel. In de winter van '90/'91 halen professionele vissers het meer voor driekwart leeg. Vierhonderdduizend kilo belandt in de netten en fuiken. Vervolgens zet Rijkswaterstaat maar liefst zeshonderdduizend jonge snoekjes uit. Het resultaat: geen algen, nauwelijks drijvend slib. Helder water dus. Even gooit een zoetwatergarnaal roet in het eten. Ze opent de jacht op de watervlooien en algengroei krijgt een nieuwe kans. Maar de shocktherapie werkt door. Langzaam maar zeker krijgen kranswieren en andere planten vaste voet aan de grond in het Wolderwijd. En ook de driehoeksmossel is er terug en doet zuiverend werk. Op een dergelijke manier actief biologisch beheren heeft de toekomst.

CHAMPAGNE IS ZO GEWOON Water schoonhouden is net zo'n kunst als water tegenhouden. Nederland heeft dan ook sinds 1969 voor de zuivering van haar oppervlaktewater twee keer zoveel geld uitgegeven als aan de complete Deltawerken. Verdroging en vervuiling maakt water nog schaarser en kostbaarder. Rijkswaterstaat werkt daarom hard aan het herstel van de natuurlijke veerkracht van de watersystemen. Maar ondertussen dreigt het toch een exclusief drankje te worden.

DE NATUUR MAAKT RARE SPRONGEN Vrouwtjesmosselen met een penis. Rijkswaterstaat pikt dat niet. Hij spoort op waar die rare sprongen van de natuur vandaan komen. De pleziervaart blijkt een grote schuldige. Om algengroei op scheepsrompen tegen te gaan, gebruiken ze speciale coating. Het hoge kopergehalte in de onderwaterverf veroorzaakt een geslachtsverandering bij schelpdieren. Ongewenst. Alle reden om, samen met plezierschippers, naar minder schadelijke verf te speuren.

ZWEREN DOOR ZOETE DOUCHE Vissen in de buurt van spuisluizen hebben vaak huidzweren. Oorzaak: onnatuurlijke schommelingen in het zoutgehalte.

VANGPLEK	ONDERZOCHT	ZWEREN
Zeeuwse wateren	6167	95
Kust Noord- en Zuid-Holland	5976	200
Waddenzee	1871	34
Totaal	14014	329
Bij spuisluizen	2200	666

EEN TIJDBOM ONDER NEDERLAND. ZOUT VREET ZICH EEN WEG DOOR HET LAND. HET KRUIPT ONDER DIJKEN DOOR NAAR POLDERS EN PLASSEN. Z'N DORST NAAR ZOET WATER IS BIJNA NIET TE LESSEN. De kraan gaat steeds verder open. De behoefte aan drinkwa-

TOEKOMST

ter stijgt. Amerikanen en Zweden gaan ons voor. Zij spoelen iedere dag tweehonderd liter weg. Per persoon. Nederland zit daar nog maar een paar emmertjes onder. De vraag naar drinkwater gaat in de nabije toekomst naar tweemiljard kubieke meter per jaar: pakweg twintig keer de inhoud van het Ketelmeer. Verdroging, verzilting en vervuiling zijn daarmee grote zorgenkinderen.

Veiligheid voorop. Nederland verstaat de kunst om de zee buiten de deur te houden, er stukken grond van af te pakken. Met z'n dijken- en duinenprogramma is er een harde streep gezet. Getij en wind kunnen geen kant op met zand en water. En de strakke scheiding tussen zout en zoet water bevalt de boeren wel. Bovendien willen zij, zeker in de polders, hun zaakjes goed droog houden. Daardoor verkruimelt klei en zakt de bodem in. Met een zeespiegel die stijgt, wordt de druk alleen maar groter. Het zoute water baant zich ondergronds een weg naar binnen. Miljoenen liters zoet water zijn vervolgens nodig om het zout te verjagen en de bodem schoon te spoelen. Dat het opper- vlaktewater al een klap te pakken heeft van meststoffen en bestrijdingsmiddelen maakt de water- winning er niet makkelijker op. Duur bovendien.

Nederland kan maar beter zuinig zijn met water. Dat helpt. Maar voor de langere termijn zijn ingrij- pender oplossingen nodig. Het water moet weer de kans krijgen om te spelen. Moerassen zorgen bijvoorbeeld voor een natuurlijke zuivering. De strakke oevers van het IJsselmeer lenen zich daar niet voor. Hun staat een gedaantewisseling te wachten. Dat betekent zandplaten aanbrengen of ophogen en stoeien met de waterstand. De moerasplanten voeden zich met meststoffen uit het aangevoerde rivierslib. Zo helpt modder bij de productie van drinkbaar water. Elke duizend hectare moeras is goed voor driemiljoen kubieke meter schoon water per jaar.

Ook langs de kust zijn er goede mogelijkheden voor zoetwaterbuffers. Waar de duinenrij breed is, zoals bij Schoorl, mag de zee landinwaarts marcheren. Een gekerfde zeereep, heet dat in vakjargon. Het getij mag aan de wandel met zand en water. Een kleurrijk en soppig gebied is het gevolg. Planten en zand doen hun filterende werk en een ondergrondse zoetwaterbel is het gevolg. De zee krijgt een stukje terug, maar de waterwinners gaan met de werkelijke winst strijken.

CENTRALE WORDT GEDOTTERD In de zomer gaat er per seconde 18.000 liter IJsselmeerwater de Flevocentrale in. En uit. Allerlei algen, waaronder apenhaar, gaan mee. Ook mossellarven passeren moeiteloos een paar zeven. Ze komen terecht in het koelwatersysteem en vormen aanslag op de condensorpijpen. Om deze aderen van de centrale van aanslag te ontdoen, worden er honderden balletjes van kunststof doorheen gejaagd. Die dotteren als het ware de leidingen. Een zeef vangt de balletjes op. Het gebruikte koelwater gaat met het losgeweekte materiaal terug het IJsselmeer in.

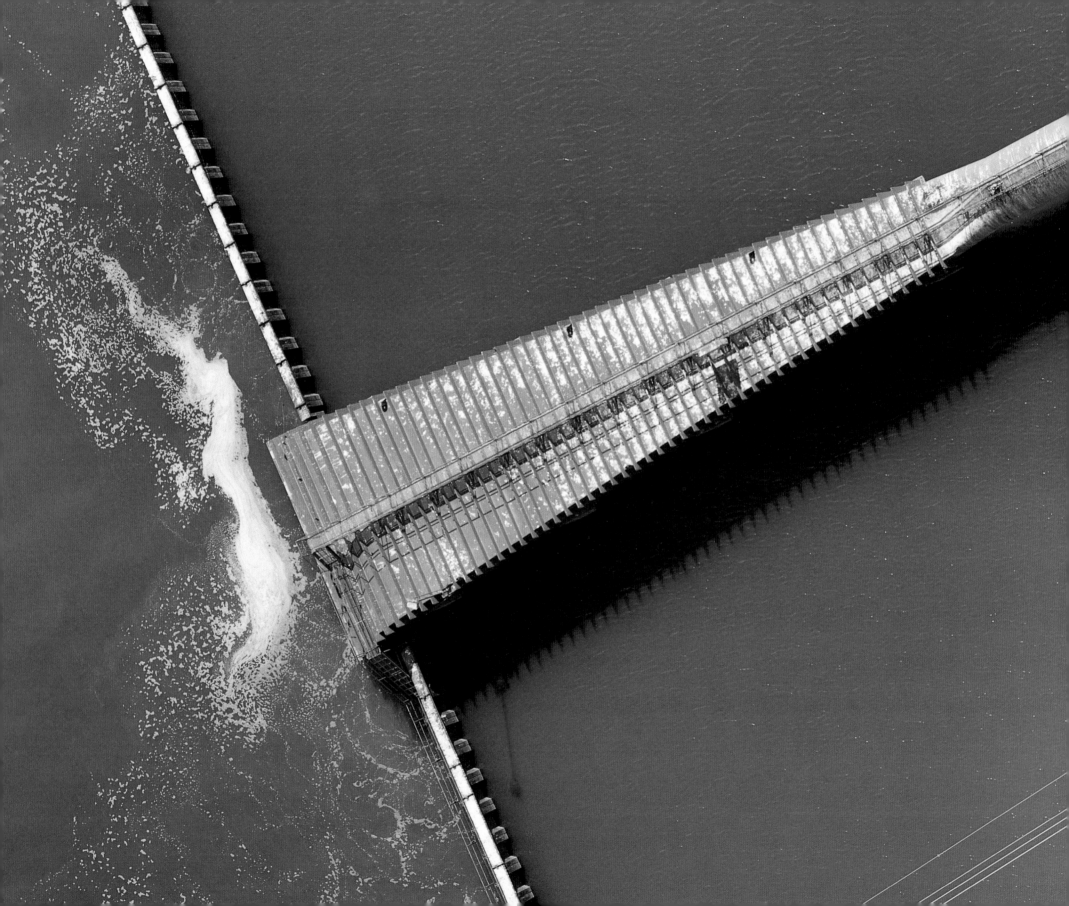

HIJ IS PIEPKLEIN EN DODELIJK, DE PLAAGALG.
IN KLEINE AANTALLEN DOEN ZE WEINIG KWAAD,
MAAR DE PLANTJES VERMENIGVULDIGEN ZICH
RAZENDSNEL. EN DAN ZIJN ZE IN STAAT MILJOE-
NEN VISSEN EN SCHELPDIEREN UIT TE MOORDEN.
OOK ZIJN ER MELDINGEN VAN MENSEN MET
GEHEUGENVERLIES EN ZELFS DODELIJKE SLACHT-
OFFERS. IN 1996 STERFT DE HELFT VAN DE JONGE
OESTERS IN HET GREVELINGENMEER. PUTZIEKTE,
EEN VORM VAN ZUURSTOFGEBREK, ZO DENKEN DE
KWEKERS. MAAR HET BLIJKT PLAAGALG. **DE OES-
TERS ZIJN EIGENLIJK KLEINE STOFZUIGERTJES EN
DE OPGEZOGEN PLAAGALGEN BETEKENEN GEEN
LEKKER HAPJE, MAAR DE DOOD.** VEERTIGDUIZEND
KEER VERGROOT BLIJKEN DE PLAAGALGEN OVER
STEKELS EN TWEE ZWEMSTAARTJES TE BESCHIK-
KEN. HET IS NOG NIET DUIDELIJK OF ZE DODEN
DOOR TE STEKEN OF DAT ZE GEWOON GIFTIG ZIJN.
RIJKSWATERSTAAT DOET ER ONDERZOEK NAAR.
EN NAAR DE OMSTANDIGHEDEN WAARONDER ZE
ZICH VERMENIGVULDIGEN. DAARUIT ZIJN LESSEN
TE TREKKEN VOOR DE BESTE MANIER VAN WATER-
BEHEER. HET IN DE GATEN HOUDEN VAN DE KLEI-
NE MONSTERS GEBEURT LANGS DE HELE KUST.

PLAAGALG

VEILIG VOORUIT / 4

HIJ HOUDT VAN MUZIEK IN DE AUTO. LEKKER HARD. VAN ARGENTIJNSE TANGO'S TOT NEDERPOP. WERELDBLUES OP DE POLDERWEGEN. ISABEL BLÈRT ALLES VROLIJK MEE. FRANK GREVEN HEEFT HET NAAR Z'N ZIN. DIT STUKJE WEEKEND IS VOOR Z'N DOCHTERTJE. RIJDEN VOOR DE LOL. DAT IS TOCH ANDERS DAN VOOR HET WERK. **HELE DAGEN IS HIJ ONDERWEG. ARBEIDSOMSTANDIGHEDEN ZIJN Z'N ZORG. EN VAN RISICO'S WEET EEN ARBO-ADVISEUR ZO ONGEVEER ALLES. HIJ LET DAN OOK GOED OP DAT DE KLEINE WIEBELKONT STEVIG IN HET STOELTJE ZIT. OVER DE VEILIGHEID OP DE WEG PIEKERT HIJ NIET, GEEN DAG VAN ZIJN 45 JAAR.** JE HOEFT TOCH ALLEEN MAAR GOED UIT TE KIJKEN?

VRACHTAUTO'S ZIJN KILOMETERVRETERS. ZE ZIJN ZWAAR EN GROOT. ZE HEBBEN SOMS BLINDE HOEKEN EN MANOEUVREREN NIET ALTIJD EVEN MAKKELIJK. DOOR DIT ALLES ZIJN ZE BIJ EEN KWART VAN ALLE DODELIJKE ONGEVALLEN BETROKKEN. VRACHTAUTO'S VERDIENEN DAN OOK SPECIALE AANDACHT BIJ HET BEVORDEREN VAN DE VEILIGHEID OP DE WEG. Vlot en veilig gaan hand in hand.

Goed georganiseerde doorstroming vermindert de kans op ongelukken. Dat blijkt ook bij de proeven om tijdens de spits zwaar verkeer een inhaalverbod op te leggen. Vooraf zijn er vooral meesmuilende en verongelijkte reacties van de vrachtwagenchauffeurs. Achteraf spreekt een meerderheid van een goede maatregel. Het verkeersbeeld is rustiger. En vooral bestuurders van personenauto's vinden de weg veiliger. Het inhaalverbod heeft als nadeel dat het op vaste plekken en tijdstippen geldt. Nieuwe technieken maken het mogelijk om het enkel toe te passen als de verkeersdrukte daarom vraagt: een verbod op maat.

Naast inhaalverboden verlagen ook toeritdoseringen en spitsstroken de risico's op de snelwegen. Allemaal maatregelen die de doorstroming bevorderen en de files aanpakken. Toch is veiligheid geen bijproduct. Rijkswaterstaat ziet dat als een eigenstandige en volwaardige taak. De doelstelling om in 2000 een kwart minder verkeersslachtoffers te hebben dan in 1985, vraagt op allerlei fronten inspanningen.

Nederland heeft in vijftig jaar tijd aan z'n mobiliteit een prijs betaald van ruim tachtigduizend doden en meer dan twee miljoen gewonden. Per jaar komt daar nog eens zeven miljard gulden aan materiële schade, productieverlies en medische zorg bij. Alle reden om, samen met een breed scala aan partners, verkeersrisico's stelselmatig uit te bannen. Rijkswegen, zeker snelwegen, zijn verhoudingsgewijs veilig. Het meeste werk ligt dan ook op het bordje van provincies, gemeenten en waterschappen.

Rijkswaterstaat treedt daarbij vooral op als stimulator, geldschieter en kennisleverancier. Het project Duurzaam Veilig Verkeer is een sprekend voorbeeld van een gecombineerde aanpak van overheden, belangenorganisaties, onderzoeksinstellingen en burgers. Kennis, vaardigheden en beleving van weggebruikers vormen het uitgangspunt. Het is de kunst om daar de verkeersomgeving op te laten aansluiten. Om te beginnen is het de bedoeling onveilige omstandigheden te voorkomen en vervolgens bestaande op te ruimen. Verder zorgen dat nieuwe situaties verkeerstechnisch meteen deugen. En dat de verbeteringen een juridische verankering krijgen.

Op de vaarwegen zijn de veiligheidsproblemen aanzienlijk overzichtelijker. In een enkel geval is het nodig om de angel uit een gevaarlijke rivierbocht te halen. Bruggen en sluizen krijgen een steeds betere beveiliging tegen aanvaringen. En de toenemende drukte vraagt om een goede verkeersbegeleiding. Verder is het vooral de boel op diepte houden, waterstanden en doorvaarthoogtes regelmatig doorgeven en bakens en tonnen laten kloppen.

←VUURTOREN BRANDARIS 013 ✳

DE LEGENDE WERKT NOG De Brandaris is een legende. De vuurtoren van Terschelling heeft menig schip de weg gewezen en menig mensenleven gered. Volgestouwd met elektronica regelt hij nu veilig vervoer in het hele waddengebied. Alle scheepsbewegingen houdt hij in de gaten, tot in de haven of tot de rand van z'n waakgebied. Maar ook ontvangt hij meldingen over een verdwaalde zeehond of losgeslagen boei. En zelfs als in het verzorgingshuis een bejaarde op de alarmknop drukt, is dat bekend bij de Brandaris. Rond de klok steun voor de eilanders.

ALS EEN DONKERE SLOKOP SPRINGT DE TUNNEL OP DE AUTO AF. DE BESTUURDER VERKRAMPT, REMT AF, VERLAAT ZIJN RECHTE BAAN. REACTIES WAAROP NIEMAND ZIT TE WACHTEN. DE COMPUTER SCHIET TE HULP. VOORAF. De bouwers van de Tweede Bene-

luxtunnel weten hoe ze onveilige situaties kunnen voorkomen. De toekomstige werkelijkheid is nagespeeld. Virtual reality oogt simpel. Maar de computer rekent zich te pletter om de voortdurend wijzigende informatie te vertalen in een overtuigende ervaring. Deze kan de toeschouwer op verschillende manieren bereiken: via grote monitoren, via een halfrond projectiescherm of via een speciale helm die een driedimensionaal beeld te zien geeft.

Juist vanwege het waarheidsgetrouwe karakter is virtual reality een gewild hulpmiddel bij het oplossen van ontwerpproblemen. De vele tonnen kostende computer creëert een omgeving waarin de proefpersoon kan rondkijken. Waarin deze andere weggebruikers tegenkomt, die allemaal in hun eigen tempo hun eigen gang gaan. Computerpersonages die echter wel degelijk reageren op de acties van de mens van vlees en bloed. Een mens die met zijn reacties verraadt waar de ontwerpers op zitten te wachten: de juiste tunnelingang, een veilige bocht, effectvolle kleuren, aangename verlichting, overzichtelijke en herkenbare kruisingen.

Neem de wegmarkering die in staat is zich aan te passen aan de drukte. De tweebaansweg krijgt dan ineens drie smalle rijstroken. In de spits lichten strepen op, die anders zijn dan in rustige periodes. Deze wijziging gebeurt terwijl het verkeer gewoon doorrijdt. Op de A15 bij Papendrecht ligt zo'n eerste beweeglijke markering. Van virtual reality-testen weten de onderzoekers al dat de weggebruikers zo'n extra, smallere, rijstrook waarderen. Maar dat ze tegelijkertijd het gaspedaal indrukken. Virtual reality haalt ook een vreemde knik uit een uitvoegstrook bij Almere. Vóórdat de weg wordt aangelegd. Dat spaart mooi miljoenen, die herstel van de fout anders gekost zou hebben.

Betrokkenheid van de burger bij overheidsplannen is belangrijk. Compleet uitgedokterde voorstellen voorleggen is een weinig inspirerende methode. Steeds vaker laat Rijkswaterstaat gebruikers of omwonenden vanaf het begin meedenken. Hen mogelijke toekomsten laten ervaren, scherpt de inbreng. Virtual reality is het voorlopige eindpunt van een reeks presentatietechnieken die begint met perspectieftekeningen en artistieke schetsen. Computertekeningen, animatiefilmpjes en simulaties vormen de volgende stap. Met virtual reality heeft de toeschouwer de vrijheid om bijvoorbeeld zelf te bepalen vanuit welk standpunt hij kijkt.

COMPUTER MAAKT ZIEK De computer roept beelden uit de toekomst op. Op die manier zijn nog niet bestaande verkeerssituaties te beleven en te beoordelen.
Virtual reality heet deze techniek. Er is een klein minpunt. Sommige mensen overvalt een soort zeeziekte: Simulator Sickness. De beweging van de beelden voelt de proefpersoon niet in z'n lijf. Zo lijkt het lichaam bij een plotselinge remmanoeuvre door te vliegen. Niet handig bij proeven. En al helemaal niet handig bij presentaties aan burgers.

VEILIG SCHUTTEN De doorvaart moet deugen. Bij de bouw van de nieuwe sluis bij Lith zijn vaste Maasschippers ingeschakeld. Met een nagebouwde stuurhut en computersimulatie spelen zij een veilige en vlotte schutting na. Verschillende sluisvarianten nemen ze onder de loep. De bouwers houden later met de resultaten van de proef rekening. De sluis is trouwens broodnodig. Steeds meer beroepsvaart en plezierschippers passeren Lith. In 1970 maken bijvoorbeeld 2600 recreanten gebruik van de sluis. Een kwart eeuw later zijn dat er al 13.000.

ALS EEN HARPOEN PRIEMT HET ANKER DOOR HET DAK VAN DE WIJKERTUNNEL. BETONBROKKEN BEUKEN DE EERSTE AUTO'S IN ELKAAR. KOLKEND WATER JAAGT DE REST ALS FLIPPERBALLEN DOOR DE BUIZEN. HET KANAAL LOOPT LEEG OVER HET OMLIGGEND LAND. Filmmakers willen nog wel eens smullen van rampenscenario's. Voor Rijkswaterstaat vormen ze echter verplichte kost. Hij pluist ze tot in details uit. Boekenwijsheid en proeven brengen gevolgen en kansen haarscherp in beeld. Want ongelukken mogen zelfs niet in een klein hoekje zitten.

De kansberekening is duidelijk: ééns in de tien miljoen jaar komt een anker precies op een tunnel terecht. In de praktijk kan dat nooit betekenen, of morgen. Dus zijn tunnels berekend op overboord kiepende ankers van tien ton: twee keer het gemiddelde gewicht. De berekeningen konden in het verleden niet erg nauwkeurig zijn. Dus moest een flinke zandlaag op de buizen zorgen voor extra bescherming. Een buffer voor de eerste klap. De techniek is voortgeschreden en nu kan Rijkswaterstaat uitzoeken hoe dik de beschermende combinatie van betondak en daarop liggend zand precies moet zijn. Voor de veiligheid, maar ook om kosten te besparen. Een paar decimeter scheelt al snel tonnen beton of zand, een hoop werk en dus kapitalen. Valproeven meten de belasting op het tunneldak, het doortrillen van de knal en het dempingsvermogen van de bovenliggende laag. Die proeven gebeuren in een grote zandbak met sensoren. Computermodellen voorspellen vervolgens veilige varianten. Daarbij spelen ook de diepte van de tunnel en het soort scheepvaartverkeer een rol.

VAN CARPOOL- NAAR WISSELSTROOK Over de carpoolstrook is een hoop heisa geweest. Juridisch niet sluitend. Volgens velen een misser van tientallen miljoenen. Toch zorgt deze extra rijbaan op de A1 dagelijks voor verlichting voor het verkeer richting Amsterdam. Eerst is de strook alleen bedoeld voor auto's uit Flevoland. Maar dan komt de praktijk. Na negenen is er vanuit Almere geen probleem meer, maar vanuit 't Gooi is er nog file. Dus eerst mogen de vroege vogels uit de polder. Dan klappen de borden om en krijgt verkeer vanuit richting Amersfoort extra lucht.

DAMBORD ZET GEVAAR SCHAAKMAT De Rijksweg A4 duikt in de Haarlemmermeer ineens onder de Ringvaart door. Het allereerste waterviaduct in Nederland hangt als een grote betonnen bak boven de weg. De doorrijhoogte lijkt zo krap, dat het rempedaal van vrachtwagens soms van schrik tegen de bodem gaat. Ongelukken zijn er nooit gebeurd. Zeker niet nadat Rijkswaterstaat grote damborden op de zijmuren van het aquaduct schildert. De kleurvlakken laten zien dat er plek genoeg is.

DE AUTOLICHTEN TREKKEN STRAKKE LIJNEN IN DE DONKERTE. DE WEG RECHT EN RUSTIG. HIJ VRAAGT WEINIG AANDACHT. DAN INEENS EEN FLADDERENDE VEEG LICHT. EEN RUK AAN HET STUUR, EEN REMREFLEX, EEN KLAP TEGEN DE VOORRUIT. DE BESTUURDER IS GESCHROKKEN, DE KERKUIL DOOD. Dieren zijn maar al te vaak slachtoffer van het steeds drukkere verkeer. Maar dit heeft ook last van de overstekende dieren. Onveilige situaties zijn schering en inslag. Dus helpt Rijkswaterstaat de natuur een handje: in het belang van mens en milieu. Kerkuilen jagen in bermen op muizen. Dat doen ze 's nachts op één tot drie meter boven de grazige begroeiing. Vaak gaan ze op hun gemak op een reflectorpaaltje langs de weg zitten om naar prooi te speuren. Met al dat voorbij razende verkeer vliegen ze vervolgens makkelijk hun dood tegemoet. Daar is wat tegen te ondernemen. Muizen houden van kort gras. Minder vaak maaien maakt de berm voor hen minder aantrekkelijk. En die paaltjes zijn ook ongeschikt te maken als uitkijkpost. Door er een stalen puntmuts op te zetten of ze schuin af te zagen. Om te zorgen dat het middel niet erger is dan de kwaal, krijgt de kerkuil op een meter of tien van de weg hogere uitkijkplekken aangeboden. Met een beetje mazzel vliegen ze dan over de auto's heen.

Het verhaal van de dode dassen gaat misschien nog eens van de krant naar de geschiedenisboeken. In 1980 zijn er nog maar zo'n duizend dassen over. Uitsterving dreigt, want ze blijven naar voedsel scharrelen en steken daarbij zonder uitkijken de weg over. In 1980 heeft Nederland welgeteld vijf dassentunnels, en ook nog zonder, of met verkeerde rasters om hen er naar toe te leiden. Inmiddels hoort, in een gebied waar dassen wonen, een dassentunnel bij de standaardvoorziening van een snelweg. Het aantal dassen is gegroeid tot meer dan 2500, maar jaarlijks legt één op de vijf het loodje in het verkeer. Bij de A73 is hun bescherming stevig aangepakt. De weg snijdt tussen Nijmegen en Venlo dan ook dwars door een rijk dassengebied. De hele weg is daar afgerasterd met casanetgaas: gepuntlast en verzinkt staal, niet schadelijk en onverwoestbaar. Zo'n zeventig tot tachtig buizen garanderen een veilige oversteek. Dode dieren liggen langs de weg: zichtbaar een probleem. Maar ook complete soorten worden bedreigd. Dat komt door versnippering van het landschap. Voedselgebrek, inteelt en onbereikbare paar- of broedplaatsen zijn het gevolg. Dat komt doordat niet alleen wegen, maar ook steden, kanalen en spoorlijnen de natuurlijke leefgebieden doormidden knippen. De mobiliteit van de mens brengt het dier bewegingsarmoede. Het beleid is er thans op gericht de schade te herstellen. In het jaar 2000 moet veertig procent van de knelpunten, veroorzaakt door wegen, verdwenen zijn. En tien jaar later mogen wegen er geen werkelijk probleem meer vormen. Natuurlijke verbindingen zijn dan hersteld.

DIERVRIENDELIJKE OVERSTEEKPLAATSEN

DASSENTUNNELS DOOR DE JAREN HEEN De geschiedenis van de dassentunnel telt ruim twintig jaar. Het aantal groeit. De ervaring van Rijkswaterstaat en wegenbouwers ook.
Tot 1975: één, geen beschermende rasters/1976-1980: vier, te groot, verkeerde rasters/1981-1985: vijf, goede maat, goed raster/1986-1990 veertig, gewoon goed/1990-heden: waar dassen zijn horen tunnels bij de aanleg van nieuwe wegen. Oude wegen ondergaan een inhaalslag.

TWEE REEBRUINE OGEN Er is een nieuw wapen tegen aanrijdingen met overstekend wild. Geurschuim op paaltjes en geleiderails langs de weg. Een uitgekiend mengsel met luchtjes van mens, wolf, lynx en beer moet dieren uit de buurt houden. Proeven geven 70 procent minder slachtoffers te zien. Maar tegen de bronsttijd van reeën is weinig kruid gewassen. Blind van hartstocht jagen ze achter hun liefde aan. Het blijft in juli en augustus uitkijken geblazen.

VERSTORING OP AFSTAND Tienduizend auto's per dag maakt het een relatief rustige weg. Toch hebben vogels tot op 120 meter afstand er last van. In een weidelandschap zelfs tot 190 meter. Bij drukke wegen met zo'n 75.000 auto's per dag broeden vogels in het bos niet lekker binnen 460 meter. Weidevogels kunnen maar beter 710 meter verderop hun nestje bouwen. Spechten, mezen, lijsters en steltlopers gaan die gebieden mijden.

DERTIEN JAAR WERD ZE, DE SCHOLIERE UIT SCHOONDIJKE. HET LOGGE GEWELD VAN EEN SUIKERBIETENWAGEN MAAKT EEN EIND AAN HAAR LEVEN. HET IS BEGIN NOVEMBER 1991 EN ZEEUWS-VLAANDEREN TELT DAT JAAR AL ZESTIEN VERKEERS-DODEN. Voordat het jaar ten einde is, komen daar nog zeven doden bij. De roep om veiligheid klinkt boven het verdriet uit. Zeeuws-Vlaanderen wordt een voorbeeld. Een laboratorium voor verbeterproeven op het gebied van verkeersveiligheid. Rijkswaterstaat, provincie en gemeenten steken daartoe de koppen bij elkaar. Vanuit het project Duurzaam Veilig Verkeer krijgen ze 83 miljoen gulden van het Rijk om de plaatselijke situatie te verbeteren. De wegbeheerders doen daar nog eens 40 miljoen bovenop. En uiteindelijk moet Rijkswaterstaat ook nog eens tientallen miljoenen guldens kostende wegreconstructies doorvoeren.

Het palet aan maatregelen is breed. Snelheidsremmende rotondes op provinciale wegen. Verkeersdrempels in de bebouwde kom. Signalering die de automobilisten meteen vertelt dat ze te snel rijden. Nieuwe soorten waarschuwingsborden. Aparte rijstroken voor verschillende typen wegverkeer. Boeren die land ruilen om met hun tractoren niet langer de weg over te hoeven steken. Extra opvallende markering van gevaarlijke punten.

De experimenten willen de gebruikers vooral confronteren met een overzichtelijke en herkenbare weg. Zij moeten in één oogopslag zien wat en wie ze kunnen verwachten. Traag landbouwverkeer en fietsers horen in de nieuwe aanpak niet op een weg waar inhalen link is. De oplossingen dienen zich al testend aan. Ononderbroken strepen of borden werken niet. En een betonnen afscheiding op de weg maakt het alleen maar gevaarlijker. Flexibele reflectorpaaltjes op de middenberm deugen wél. In noodgevallen blijft uitwijken dan mogelijk.

Duurzaam Veilig Verkeer wil dat alle wegen opnieuw onder de loep gaan. Uiteindelijk blijven er maar drie typen over. Om te beginnen zijn er de wegen waarop betrekkelijk hard rijden geen probleem is en die als doorgaande verkeersaders dienst doen. Daarna komen de wegen die, vanuit die verkeersaders, een gebied toegankelijk maken: een functie die met name provinciale wegen thans hebben. En tenslotte zijn er de wegen in steden en dorpen, waar het verkeer ondergeschikt is aan wonen en werken. Leefbaarheid en bereikbaarheid knappen van zo'n benadering op. In verkeersluwe gebieden neemt de overlast van auto's af. Fietsers en voetgangers vinden veiliger hun weg. Daarnaast vergroot een heldere inrichting van de echte verkeersaders de doorstroming. Sommige wegen combineren nu nog verschillende functies. Dat is straks verleden tijd.

EINDE AAN VERWARRING Iedere dag vallen er meer dan drie doden en 130 gewonden in het verkeer. Onnodig veel. Vaak zijn het slachtoffers van onduidelijke situaties. Daarom is er steeds meer aandacht voor het voorkomen van verwarring. In heel Europa heeft alle verkeer van rechts voorrang. Behalve in Nederland. Hier maken we een uitzondering voor fietsers. Het is de bedoeling daar een einde aan te maken. Net als aan de verschillende voorrangsregels voor rotondes.

DODENTAL DAALT Het aantal verkeersdoden daalt. In 1987 zijn dat er ruim 1400, in 1997 is het aantal ruim 1100. Over de hele linie is een daling, behalve bij zwaardere typen auto's en motoren.

	1987	1997
personenauto	769	547
bestel/vracht/bus:	44	71
motor	58	92
bromfiets	127	88
fiets/voetganger	484	361

COMPUTERS, MELDSYSTEMEN, DETECTIELUSSEN, ON-LINE VERBINDINGEN. DE TECHNIEK HOUDT STRAKS 1500 KILOMETER SNELWEG FEILLOOS IN DE GATEN. TOCH BLIJVEN MENSEN EEN ONMISBARE SCHAKEL IN DE FILEMELDINGEN. Operators zijn dag en nacht stand-by om alle signalen te verwerken. Tussen binnenkomende melding en nieuwsbericht zit slechts 15 seconden.

Vrijdagmiddag, half vijf. Net voor knooppunt Oudenrijn kleven steeds meer auto's bumper aan bumper. De massa is nog in beweging, maar de gemiddelde snelheid doet het ergste vermoeden: een file kondigt zich aan. Bij het Traffic Information Centre (TIC) in Utrecht is dat al duidelijk. Knipperende oranje lampjes geven aan dat detectielussen in de A2 een vertraging melden. Over de hele weg flitsen meteen de waarschuwingsborden aan: adviessnelheid 50 kilometer.

Op datzelfde moment slibt het Prins Clausplein bij Den Haag dicht. Ergens in die file zit een roadguard, één van de vrijwilligers die ogen en oren van het informatiecentrum vormen. Hij grijpt zijn GSM en geeft een korte beschrijving van het wegbeeld. Er is een vrachtwagen gekanteld. Meteen daarop heeft de TIC-operator contact met de Leidse benzinepomphouder bij hectometerpaal 35.4. Die meldt dat ook voor zijn deur de stoet stilstaat. Het filebericht gaat onderweg naar de radio.

De vis gaat in de krant van de vorige dag, verkeersberichten zijn nog slechter houdbaar. Binnen een paar minuten kan de situatie op de weg volslagen anders zijn. Actuele informatie is daarom van belang. Gedetailleerde verkeersberichten horen binnen een paar seconden bij de weggebruikers te liggen. TIC helpt daarbij. De samenwerking tussen het Korps Landelijke Politie Diensten en Rijkswaterstaat zorgt voor een omvangrijk netwerk. In totaal zijn er 3000 informatiebronnen: mensen en meetpunten. Op die manier is het verloop van zeventig procent van alle files te volgen. Elke zestig seconden weer.

Alle gegevens verschijnen zonder tijdverlies op de beeldschermen van de verkeerspolitie, de ANWB, Teletekst en nieuwsdienst ANP. Iedereen leest gelijk mee wat er op de weg gebeurt. Bij een ongeluk kunnen politie en ambulance snel in actie komen. Regionale verkeersregisseurs vertalen de gegevens in geboden en adviezen. De informatieborden boven de weg geven die door. Iedereen kent ze: groene pijlen voor de vrije ruimte, rode kruizen voor de afgesloten strook. En iedereen leert ze kennen: de filemelding, de verwachte stremmingsduur, de verstandigste omleiding. Autoradio's met een speciaal display houden de weggebruikers eveneens op de hoogte. Deze kunnen hun eigen conclusies trekken. Opstoppingen en gevaarlijke situaties zijn simpel te omzeilen. De noodgang waarmee verkeersinformatie door het land raast, verhoogt de doorstroming en veiligheid op de weg.

ZOU ER WAT GEBEURD ZIJN? Aan de ene kant van de weg een ongeluk. Aan de andere kant een kijkfile. Deze is soms nog langer dan bij de aanrijding zelf. Nieuwsgierigheid wordt gestraft. Brengt nieuwe onveiligheid met zich. Een calamiteitenscherm doet daar wat tegen. Het is honderd meter lang en het staat binnen tien minuten in de middenberm. Op afroep beschikbaar als een kijkfile dreigt te ontstaan. En dat is bij vrijwel ieder stevig ongeluk.

TOONTJE LAGER Rust rond het Kleinpolderplein bij Rotterdam. Een geluidsscherm zorgt daarvoor. Het laat de dreun van auto's een toontje lager zingen. Vijftienduizend vierkante meter buffer tussen woonwijk en verkeer. Alle omwonenden krijgen een cd met de Kleinpolderpleinsymfonie: verkeerslawaai dat met samples tot muziek is omgevormd. Voor als ze de herrie gaan missen...

ALARM LANGS DE WAAL. HET TANKSCHIP IS VANUIT GORINCHEM ONDERWEG NAAR HET DUITSE RUHRGEBIED. DAN SCHEURT EEN OBSTAKEL DE ROMP OPEN. DE IN-HOUD STROOMT LANGZAAM UIT DE BUIK. EEN RAMP IN SLOWMOTION. TIJD IS HET ENIGE DAT NU TELT. De noodroep van de schipper brengt Aquabel, het alarmeringssysteem van de Nederlandse wateren, in actie. Op de post waar de melding binnenkomt, klikt de operator met de muis van z'n computer op de plaats van het ongeluk. Een kaartje van die plek verschijnt. Zonodig zelfs luchtfoto's. Maar die details komen straks wel, want de schipper had het over rook. Dus eerst het Europanummer van het schip intoetsen. Alle gegevens over de lading flitsen in beeld. Ze lijkt brandgevaarlijk. De koppeling van Aquabel aan een compleet chemicaliënbestand levert duidelijkheid. Ze is brandgevaarlijk én giftig. Een bedreiging voor de scheepvaart. Een bedreiging voor de leefomgeving. De eigen patrouilleboot, de politie en de brandweer zijn al onderweg. Zij krijgen nu alle noodzakelijke informatie over de effecten van de stoffen op mens en milieu. De scheepvaart in de buurt moet aan de kant. Bij gemeenten aan de wal gaat de alarmlijn rinkelen. De door de computer opgeroepen calamiteitenfunctionaris heeft de organisatie inmiddels in handen. Stap voor stap begeleidt Aquabel hem bij het verkrijgen van alle noodzakelijke informatie, het waarschuwen van de juiste personen en het voorspellen van de gevolgen. Eén muisklik is voldoende om de computer hele reeksen telefoontjes, faxen, e-mailberichten en buzzeroproepen te laten verzorgen. Ook de informatie voor de pers zit in het systeem ingebouwd.

De veiligheid van leefomgeving en scheepvaart is de zorg van Aquabel. Kwaliteit, snelheid en een uniforme aanpak vormen de pijlers. Autoriteiten en hulpverleners zijn optimaal geïnformeerd. Dat verbetert de aanpak van calamiteiten. Twijfel is niet mogelijk en dat scheelt kostbare tijd. Een computer kan geen rampen bestrijden, want dat is en blijft mensenwerk. Maar in tijden van nood is alle hulp welkom. Zeker als deze systematisch alle mogelijkheden doorloopt en bijpassende vervolgstappen adviseert. Over het stilleggen of begeleiden van de scheepvaart. Over het evacueren van woongebieden. Over het blussen van een brand en beveiliging tegen ontploffing. Over het bestrijden van de vrijgekomen stoffen. Over de winning van drinkwater.

Op allerlei manieren waakt Rijkswaterstaat over de scheepvaart. Maar als het dan toch een keer misgaat, is er het uitgebreide netwerk van Aquabel dat erger moet helpen voorkomen. Een onmisbare schakel in een goed en veilig beheer van de vaarwegen.

→ KANAAL DOOR ZUID-BEVELAND 186 ≋

KENNIS MAAKT VEILIG De computer volgt elk schip op zijn complete tocht door Nederland. Meldposten bij bruggen en sluizen hebben meteen toegang tot alle noodzakelijke gegevens. Zo ook het nieuwe complex bij Hansweert in het Kanaal door Zuid-Beveland. De sluiswachter kan daardoor bijvoorbeeld schepen met gevaarlijke stoffen naar hun eigen ligplaats dirigeren. Dat bevordert niet alleen de doorvaart, maar ook de veiligheid. Er komen overigens minder schepen voorbij dan twintig jaar geleden, maar wél grotere.

→ → SLUIZEN IJMUIDEN 079 ⇑

EEN BODEMLOZE PUT Vijftien meter onder water en toch droge voeten. Bij de voorbereiding van nieuwe deuren in de Noordersluis van IJmuiden is dat gelukt. Binnen in de oude sluisdeur zit een werkkamer zonder vloer. Rubberen tochtstrips reiken tot op de kanaalbodem. Het pompen van lucht in de kamers zorgt voor overdruk. Het water blijft buiten. Er is een soort duikersklok ontstaan. De bouwploeg kan op de bodem rails voor de nieuwe roldeuren aanleggen. De scheepvaart kan, tussen de bedrijven door, veilig door.

'BOEM. M'N SCHIP ZAT ZO VAST ALS EEN HUIS. VREEMD, WANT ER WAREN IN GEEN VELDEN OF WEGEN BOEIEN TE BEKENNEN. TOT IK NAAR DE OEVER TUUR-DE. DAAR STOND EEN HELE RITS BAKENS OP PALEN. HET LEEK NET ALSOF ZE IN DE BOMEN HINGEN. GEEN WONDER DAT IK DE MIST INGING.' LEO WILMS IS EIGENAAR VAN MOTORSCHIP 'DE ZWERVER'. TWINTIG JAAR GELEDEN WAS HIJ ALS JONGE SCHIPPER GEWAARSCHUWD VOOR LAAG WATER BIJ HET OPDRAAIEN VAN DE DONGE. HIJ MOEST VOORAL GOED OP DE BOEIEN LETTEN.

**DE KALVERSTRAAT IS WEER HAANTJE DE VOORSTE. ARBEIDERS STAMPEN DE ZWAR-
TE SMURRIE IN DE WEG FLINK AAN. HET DEFTIGE WINKELPUBLIEK HAALT DE NEUS
OP VOOR DE VREEMDE GEUR. MAAR BIJZONDER VINDEN ZE HET WEL, DAT EERSTE
WEGDEK VAN STAMPASFALT. DAT IS IN 1873.** Precies vijftig jaar later, in 1923, heeft Amsterdam weer

VERLEDEN

een Nederlandse primeur: het eerste petroleumasfalt. De eerste rijksweg met asfalt verschijnt in
Wassenaar, onder de rook van Den Haag. Tot diep in de jaren zeventig draaien de asfaltmachines
vervolgens op volle toeren om de wegenaanleg bij te benen. Daarna ligt het accent op reparatie en
verbetering van wegdekken. In mei 1973 legt Rijkswaterstaat een eerste proefvak van zeer open
asfaltbeton (ZOAB) op de autosnelweg bij Zeist. In 1987 begint het nieuwe materiaal zijn zegetocht
door het hele land. Een nieuwe stap in een ontwikkeling. Geen eindpunt.

Wegen rusten doorgaans op een stevig bed van zand. Steeds vaker vormen ook afvalsintels van vuil-
verbranders de ondergrond. Dan komt daarop soms een steenfundering en bovenop allerlei combinaties van asfaltsoorten. Asfalt is een mengsel van meerdere stoffen. Bitumen, een aardolieproduct,
werkt als lijm. Het maakt van grind, zand en vulstof een stevige massa. Bij het traditionele asfalt
vullen bitumen en zand de openingen tussen het grind compleet op. ZOAB kiest een andere benadering. De basis vormen ook nu weer gebroken grindsteentjes. Daar zit zo'n dertig procent aan holle
ruimtes tussen. Door deze niet helemaal te vullen met zand en bitumen ontstaat een poreuze laag.
Bij regen kan het water daardoor weglopen naar de zijkant van de weg. Belangrijker is nog dat de
ruimtes in ZOAB het geluid opslurpen. Eigenschappen die goed van pas komen in een nat en dicht-
bevolkt land. Slecht zicht, aquaplaning en geluidshinder kunnen we dan ook missen als kiespijn.
Niet voor niets staat ZOAB te boek als een soort wonderasfalt. Toch zijn er nog een paar kleine vlek-
jes op het blazoen. Bij gladheidsbestrijding zakt de pekel in het poreuze asfalt en heeft geen vat op
ijzel. Inmiddels wordt ZOAB met een ingebouwd dooimiddel beproefd. Als dat al werkt, is het duur.
Door de open structuur kan er bij een aanrijding olie in het wegdek zakken. Vochtopzuigende kor-
rels halen onvoldoende uit. Dat betekent schrobben, diep schrobben. Een vergelijkend warenonder-
zoek van allerlei reinigingsmiddelen ligt daarmee ook op het bordje van Rijkswaterstaat. Waskracht
en milieuvriendelijkheid krijgen bijzondere aandacht. En dan is er ook nog het gewone schoonmaken. Hogedrukspuiten jagen het vuil en stof uit de poriën. Stofzuigers ruimen het op. Dat gebeurt
alleen op de minder bereden delen, zoals vluchtstroken. Voor de rest zorgt het voorbijrazend verkeer
zélf: door de zuigende werking van hun banden.

→VERKEERSBRUG WAAL 103 ⋈

WEG MET DE ZWARE LAST Overbeladen vrachtwagens zijn een last voor
de weg. Ze veroorzaken spoorvorming en scheuren. Dat kost jaarlijks zo'n 55 miljoen aan extra onderhoud. Bovendien kan een te
zwaar belaste as zomaar breken. Maar videocamera's, weegplaten
en detectielussen in de weg vinden elke overtreder. Weight In
Motion heet het systeem dat Rijkswaterstaat en de politie al een
paar jaar gebruiken. Het werkt. Worden er in één week in 1997 nog
5300 bonnen uitgedeeld, in 1998 is het weekgemiddelde 2000.

IEDER OP Z'N BEURT 'Voor die varende schroothoop had ik mákkelijk
langs gekund!' Een boze schipper spuwt zijn gal via de speciale
frequentie bij Verkeerspost Nijmegen. Maar de verkeersleider
weet beter. Hij ziet elke vaarbeweging op de Waal en het Maas-
Waalkanaal via zijn scherm. Donkerte, mist of afstand deren hem
niet. Hij krijgt z'n informatie van een radarscanner onder het wegdek van de oude Waalbrug. Hij speelt de gegevens door naar ieder
schip in de buurt. In dit geval met het advies om vaart te minderen.

AAN DE BAK Twee sleepboten met een sliert van zes bakken vracht. Geen enkel probleem voor de driehonderdvijftig meter lange sluis bij Tiel. In 1954 is het nog een hypermoderne voorziening. Krap twintig jaar later is het moderne er al vanaf. Met z'n achttien meter blijkt de schutkolk te smal voor een nieuw fenomeen: de vierbaks-duwvaart. Daarom ligt er nu een tweede kolk. Iets minder lang, maar wel zes meter breder. Met genoeg ruimte voor twee bakken naast elkaar.

VOL OP DE REM Een vangnet voor brokkenpiloten. Het dient om de deuren van de breedste doorgang bij sluis Tiel heel te houden. De komst van de vierbaksduwvaart ligt aan het net ten grondslag. Het kan namelijk gebeuren dat zo'n combinatie in de sluiskolk niet meer op tijd kan remmen. Dan doet de Bernardsluis dat wel. Een lier trekt het stalen net strak. En de vis kan geen kant meer op. Toch bestaat de vangst van de afgelopen vierentwintig jaar alleen uit gewone motorschepen. De duwvaart kijkt beter uit.

BRUTALE RAKKERS BLIJVEN KOMEN 'Aalscholvers maken er altijd een bende van.' Lieuwe de Boer werkt op steunpunt Harlingen, de uit-valbasis van meetschip 'De Blauwe Slenk'. De elektrotechnicus lift regelmatig mee naar de Wadden- en de Noordzee. Hij repareert er palen die de waterstanden doorseinen. Maar al te vaak moet hij een zonnepaneeltje in de goede stand zetten. Kromgetrokken door de snavel van een aalscholver. 'Toeters, bellen. Niks helpt. Die brutale rakkers komen altijd terug.'

VAN DRIEWIELER NAAR TWEE MET STEUNEN.
IK WAAK OVER ZIJN EVENWICHT.
AL VALT DE NOODZAAK VAKER WEG.
IN VOLLE VAART TRAPT HIJ ZICH VERDER
VAN ME AF. TOT AAN DE HEG ROEP IK.

DE TUIN KRIJGT POSTZEGELFORMAAT.
MIJN LIJF HOUDT HEM AL NIET MEER BIJ
WANNEER HIJ SNEL DE POORT DOOR GAAT,
MIJN STEM VERLIEST HEM AAN DE LAATSTE
HUIZENRIJ. IK ZWAAI MIJN HANDEN LEEG.

VOOR HIJ DE HOEK OMSLAAT ZIE IK HEM
EVEN IN HELDER PERSPECTIEF:
EN LAAT HEM LOS EN HEB HEM LIEF.

VERLOREN ZOON

MARIJKE VAN HOOFF
UIT HET DALUUR
UITGEVERIJ BZZTÔH, DEN HAAG 1993

VEILIG WEG Een klein Fries riviertje geeft er zijn naam aan: het Leppa-akwadukt. Dit aquaduct bij Boorn maakt de route Grouw-Sneek voor zeilboten heel aantrekkelijk. Zij hoeven hier hun mast niet te strijken. Ook aan de veiligheid is gedacht. Langs het water ligt een inspectiepad. Mocht er iets gebeuren, dan is dat de vlucht-strook. Gewoon even naar het verkeer beneden kijken, is ook moge-lijk. In de winter blazen schaatsers hier even uit tijdens een lange tocht.

VLUCHTEN KAN NOG STEEDS De naam zegt het al: vluchtstrook. Maar wat gebeurt er als er iets misgaat en dat stuk weg in gebruik is als spitsstrook of busbaan? Dan zijn er voor pechgevallen speciale uitwijkhavens. En bij de spitsstrook van de A27 bij Zeist houden negen camera's de verkeersstroom in de gaten. Zakt de snelheid teveel, dan zoomt de dichtstbijzijnde camera in op die plek. De ver-keerscentrale zit er dus altijd met de neus bovenop. In geval van nood is er meteen een hulpdienst onderweg.

MOEDERS WIL IS WET Ontwerpers verwachten vorige eeuw dat de vaargeul aan de oostkant van de Pollendam bij Harlingen komt te liggen. Moeder Natuur beslist anders en kiest de westkant. Daarom maken schepen nu een flinke slinger vlak bij het uitvaren van de haven van Harlingen. Kapitein Leo Damen van de veerdienst heeft er doorgaans geen moeite mee. 'Maar bij slecht weer ben ik blij als ik dat bochtje voorbij ben. Wind en stroming vragen heel wat stuur-kunst. Toch moet die dam blijven liggen. Anders weet je niet waar de vaargeul komt.'

HET 100.000-STRATENBOEK KOMT ER WAARSCHIJLIJK OOK VOOR HET WATER. EEN COMPLEET OVERZICHT VAN STROMINGSPATRONEN OP ZEE EN IN RIVIERMONDINGEN. EEN CENTRALE COMPUTER HEEFT HET ALLEMAAL IN Z'N GEHEUGEN EN SCHEEPVAARTBEGELEIDERS KUNNEN ER ON-LINE IN RONDNEUZEN. HET IS IN DE TOEKOMST OOK MOGELIJK DE GEGEVENS RECHTSTREEKS NAAR SCHEPEN DOOR TE STUREN. DEZE VERSCHIJNEN IN DE VORM VAN KAARTJES, PIJLTJES EN DIAGRAMMEN. IEDERE TWINTIG MINUTEN VINDT VERVERSING VAN DE INFORMATIE PLAATS. HET SYSTEEM WERKT MET RADARSIGNALEN. DEZE SCHEREN OVER HET WATER EN WEERKAATSEN OP DE GOLVEN. ZO ZIJN SNELHEID EN STROOMRICHTING TE BEPALEN. VIA HOGERE WISKUNDE IS DAT OOK MOGELIJK VOOR DE DIEPERE LAGEN. DE STROOMATLAS MAAKT HET VAREN VEILIGER. VOORAL MET DIEPSTEKENDE TANKERS KUNNEN GEKKE DINGEN GEBEUREN ALS DE STROMING ONDER WATER ANDERS IS DAN AAN DE OPPERVLAKTE. BIJ DE MAASMOND IS OP DAT GEBIED BIJVOORBEELD HET NODIGE AAN DE HAND. ER STROOMT ZOET WATER UIT DE NIEUWE WATERWEG. ER KOMT ZOUT WATER ONDERLANGS BINNEN. EN DOOR DE UITBOUW VAN DE MAASVLAKTE BUIGT DE STROOM NAAR BUITEN AF EN DRAAIT TERUG RICHTING KUST.
MET DE STROOMATLAS IS VEEL NAUWKEURIGER TE BEPALEN WANNEER EEN SCHIP VEILIG EEN HAVEN KAN IN- OF UITVAREN. EEN VERANTWOORDE ZIJSTROOM IS BEKEND. STRAKS IS OOK DUIDELIJK WANNEER DIE EXACT OPTREEDT.

STROOMATLAS

ONGELUK ZIT IN EEN KLEIN HOEKJE Bij Heerde duikt de A50 met een scherpe hoek onder een lokale weg. Dit viaduct jaagt vooral vrachtwagenchauffeurs de stuipen op het lijf. De doorrijhoogte lijkt erg mager. In de praktijk valt het mee. En het viaduct heeft dan ook geen slachtoffers op z'n naam staan.
Landelijk daalt het aantal verkeersdoden overigens. In 1990 vallen er nog 1376 slachtoffers. In 1997 zijn dat er 1163. Vooral het aantal ongelukken met bromfietsen en personenauto's is afgenomen.

VOOR PAAL STAAN Iedereen kent ze wel. De hectometerpaaltjes in de berm van iedere autoweg. Om de honderd meter steken ze hun groene bordjes uit het gras. Het nummer verraadt de afstand tot het begin van de weg. Handig voor hulptroepen die te hulp moeten schieten. Wie er met pech of een ongeluk voorstaat, hoeft alleen maar het weg- en paalnummer door te geven.

OPERATIE OPEN HART Ridderkerk, Vaanplein, filelijn. De Rotterdamse havens zorgen voor een dagelijkse stroom van 125.000 vracht- en personenauto's. Opstoppingen dus. Bij knooppunt Vaanplein is het helemaal raak. Niet alleen een ochtend- en avondspits, maar ook vertraging om drie uur 's middags en rond elven 's avonds. Net na de wisseling van de ploegendiensten in de haven. Zo'n verstopte kransslagader mag niet voortduren. Er liggen plannen voor twee keer vijf rijstroken. Een operatie die zorgt voor een open economisch hart.

↑DIJK NOORDOOSTPOLDER BIJ URK 052 ⇄1

MAKKE SCHAPEN IN EEN HOK 'De helft van onze vloot kan zonder
schrammetje binnenvaren. De nieuwe geul ligt nu vijf meter
beneden NAP.' Jan van Urk heet hij. Al negentien jaar is hij havenmeester in het dorp met diezelfde naam. Met zijn honderdvijftig
Noordzeekotters heeft Urk de grootste visvloot van West-Europa.
Maar ook de pleziervaart is van harte welkom. 'Ik zeg altijd maar: er
gaan veel makke schapen in een hok. Dus met een beetje passen en
meten, leg ik hier acht bootjes aan één walplek.'

ZEBRAPAD VOOR ZWIJNEN. De A1 snijdt als een mes door de Veluwe en verdeelt het leefgebied van veel dieren. Dat kost herten en wilde zwijnen jarenlang de kop. Maar nu staat het licht op groen voor het Gelderse dierenvolk. Een ecoduct bij Kootwijk voorkomt halsbrekend oversteken. De weg boort zich als twee kokers door het diervriendelijke viaduct. Vorm en afmeting daarvan zijn helemaal afgestemd op de dieren. Het zebrapad is 150 meter lang, 30 meter breed en heeft twee toegangspaden.

VASTE GEBRUIKERS Genoemd naar het edelhert Cervus Elaphus; het cerviduct. Maar beter bekend als wildviaduct of ecoduct. Eén van de vele oplossingen om dieren veilig de weg over te laten steken en om versnippering van hun leefgebieden tegen te gaan. De ecoducten over de A50 bij Woeste Hoeve en Terlet verbinden twee grote natuurgebieden met elkaar. Reeën, edelherten, muizen en kruipende insekten zijn al snel vaste gebruikers.

MINISTERS LATEN BOTSEN Gelijkvloerse kruisingen op rijkswegen zijn bijna uitgestorven. Het viaduct heeft de plek van zijn onveilige broertje ingenomen. Naast wegen zijn ook auto's stukken veiliger. Zo laten de Europese transportministers bij TNO botsproeven houden. Veertien middenklassers gaan onder de loep.
Een aangepaste bumperhoogte en motorkap maken de overlevingskans van voetgangers vele malen groter. Technisch is dat mogelijk. De autofabrikanten aarzelen vanwege de kosten.

ENKEL ALS LAPMIDDEL De vluchtstrook is te belangrijk om zomaar voor andere doelen te gebruiken. Als spitsstrook en busbaan kan ze als tijdelijk lapmiddel dienst doen. Onder strikte voorwaarden: de oplossing mag niet leiden tot files verderop/ het wegdek moet voldoende draagkracht hebben om zoveel verkeer te verstouwen/ er moet voldoende ruimte voor de aanleg van uitwijkhavens zijn.

PROBLEMEN SNEL IN BEELD Een probleem in de Wijkertunnel komt snel aan het daglicht. Als een auto bijvoorbeeld te langzaam over de kabels in de tunnelbodem rijdt, gaan de waarschuwingssignalen in de verkeerscentrale rinkelen. Op de videoschermen verschijnt automatisch het bijbehorende beeld. Bestuurbare camera's kunnen de situatie tot in detail bekijken. Luidsprekers in en rond de tunnel zorgen vervolgens voor instructie aan weggebruikers.

←←STEUNPUNT DIENSTKRING AUTOSNELWEGEN 174 ✳   ←←VIADUCT BOERSKOTTEN 065 ≍   ↑→HARINGVLIETSLUIZEN 167 ≋

MET EEN KORRELTJE ZOUT Overal in het land liggen naast snelwegen steunpunten voor de gladheidsbestrijding. Neem nu de Afsluitdijk. In de winter '96/'97 trekken de strooiers daar 28 keer overheen. Goed voor 2226 ton strooizout. Het steunpunt voor de IJsselmeerpolder beschikt over: 17 strooiers / 30 sneeuwploegen / 1 rolbezem / 4 laadtransporteurs / 2 sneeuwblazers / 3 menginstallaties voor nat zout.

GEEN GEVAAR IN GRIEKSE TEMPEL 'Het lijkt wel een Griekse tempel. Mooi, al die kolommen in de tunnel.' Piet Goossen bewierookt de manier waarop de A1 onder de spoorlijn naar Duitsland door gaat. Schoonheid en doeltreffendheid gaan daar samen. Het is een schuine en daardoor lange kruising. Eerder een tunnel dan een spoorviaduct. En Rijkswaterstaat staat niet te springen om vervoer van gevaarlijke stoffen door tunnels. Maar een wand die bij een explosie drukgolven opzuigt, maakt de doorgang veilig.

EEN KOUD KUNSTJE Rijkswaterstaat is begonnen als ijsbestrijder. Met dynamiet ijsdammen breken. In sluizen gaat dat tegenwoordig wat zachtzinniger toe. Luchtbellenscherm. Onderin de sluis is het water iets warmer. Vanuit de bodem opborrelende lucht stuwt dit naar boven. / Kasblaasinstallatie. Met kracht naar buiten geperste lucht veroorzaakt stroming in het water. Verjaagt ook drijfijs. / Wandverwarming. De sluisdeuren moeten dicht kunnen. Op de waterlijn zorgt verwarming voor bescherming tot 15 graden onder nul.

VERKEERSLEIDER / PIETER VAN GILS
ACTIE, SPANNING EN MET DE NEUS BOVEN OP HET NIEUWS

'WINDKRACHT 8, PIKKEDONKER, EEN METERSHOGE DEINING. EN ONDERTUSSEN TIENTALLEN SCHE PEN OP AFSTAND HOUDEN. MIDDEN OP HET HOLLANDS DIEP IN EEN KLEIN PATROUILLEBOOTJE WAT VERLANGDE IK NAAR VASTE GROND ONDER DE VOETEN!

Ik kan er nu om lachen. Maar toen voelde ik me niet prettig. Recht onder de Moerdijkbrug knalde een binnenvaartschip tegen een pijler. Een grote scheur liet de Adrianto langzaam naar de bodem zinken. Precies in de vaargeul tussen de twee hoofdpijlers. Gelukkig viste een ander schip de bemanning snel uit het water. Maar er kon geen hond meer door. We hebben daar vijf uur gelegen met onze patrouilleboot. We hadden een complete batterij lampen aan en zonden voortdurend waarschuwingssignalen uit naar elk naderend schip. Na een paar uur was ik geradbraakt. Verkeersleider te water is een mooi vak. Maar op zo'n moment wens je jezelf een beter bestaan toe.

Gelukkig gebeuren er niet iedere dag ongelukken. Daar zorgen we met z'n allen voor. Wij regelen het scheepvaartverkeer op zo ongeveer het drukste stukje van de wereld. Logisch dat iedereen zich daar goed aan de spelregels moet houden. Als iemand zit te suffen of een onverantwoorde gok neemt, grijpen we in. We zijn blij met onze patrouillebootjes die met gemak vijfenveertig kilometer per uur halen. Met die twee motoren van elk vijfhonderd pk zijn we binnen twee tellen bij een brandhaard. Soms letterlijk, met de brandweer op sleeptouw. Eerst mens en dier in veiligheid brengen. En ongeveer gelijktijdig de sleepdienst waarschuwen, want die rivierdoorgang moet zo snel mogelijk vrijkomen. Regelneef spelen, daar geniet ik van. Ik blijf dit werk nog jaren doen.

Soms denk ik nog wel eens terug aan m'n tijd op de Volkerak. Sluismeester op die joekels van binnenvaartsluizen. Een leuke baan, maar wel op een stilstaand object én met een beperkte horizon. Nu heb ik een gebied van ruim tweehonderd kilometer lengte onder m'n hoede. Niemand die me op de vingers kijkt. Bovendien is het leuk om met de politie te water en de brandweer samen te werken. We zijn een soort maatjes met eenzelfde opgave: waken over de veiligheid van mensen. Sommige ervaringen blijven je bij. Zoals vorig jaar in dikke mist. Zo'n grote jongen voer toen over een kleiner binnenvaartschip heen. Drukte dit domweg naar de bodem. Van de schipper geen spoor. Politie, brandweer, sleepboten en wij waren meteen paraat. Na een poging van de brandweer ging een duiker van een bergingsfirma het water in. Die beschikte over de juiste communicatie-apparatuur. Tijdens z'n zoektocht ontdekte hij de schipper die in de machinekamer vastzat. Gelukkig was daar een luchtbel. De duiker stond z'n zuurstofmasker af en zwom naar boven voor een nieuwe uitrusting. De hele operatie duurde vier uur. Wat was dat spannend! En ook mooi zoals ze met z'n tweeën boven kwamen. De rillingen liepen iedereen over de rug. Je maakt in dit vak dingen mee waarvoor andere mensen de televisie moeten aanzetten.'

Pieter van Gils is verkeersleider te water. Ter plekke moet hij een vlotte en veilige doorvaart organiseren. Dat doet hij vanaf het patrouillevaartuig RWS 17. Aan boord zijn verder de schipper en een matroos. De centrale Verkeerspost op Duivelseiland bij Dordrecht voert de regie. Hij doet de uitvoering: van boei tot brand, van aanmaning tot aanvaring.

PLEISTER OP DE WONDE De werkelijkheid heeft de voorspellers verrast. De Van Brienenoordbrug krijgt niet 144.000 maar 220.000 auto's per dag te verwerken. Vooral meer en zwaardere vrachtwagens veroorzaken slijtage aan het wegdek. Herstel van het asfalt heeft ook gevolgen voor het ophaalmechanisme in de kelder van de brug. Een dikkere toplaag vraagt om 240 ton extra ballast aan het contragewicht. Andere werkzaamheden in de omgeving worden in één adem meegenomen. Rijkswaterstaat regelt alternatieven voor de bruggebruikers. Dat verzacht de pijn ook nog eens.

'WE HEBBEN ONS TE PLETTER GELACHEN. VEER-TIEN VERKEERSDREMPELS IN EEN DORPSSTRAAT. UITGEREKEND EEN PLEK WAAR EEN POLITIEBU-REAU ZIT. SOMMIGE EXPERIMENTEN MISLUKKEN HOPELOOS. EEN LABORATORIUM VOOR VEILIG-HEID IS EEN LEUK IDEE VAN DE WEGBEHEERDERS, MAAR LAAT ZE ALSJEBLIEFT NADENKEN WAT ZE DOEN MET AL DAT GELD.' CONNY VAN GREMBERGHE, REDACTIECHEF ZEEUWS-VLAANDEREN VAN DE PROVINCIALE ZEEUWSE COURANT. HIJ SCHREEF EEN REEKS VERHALEN OVER DE IMPACT EN NOODZAAK VAN DUURZAAM VEILIG VERKEER.

'DE WEG IS EIGENLIJK NOOIT ONVEILIG. DE GEBRUIKERS MOETEN ZICH AAN DE GEGEVEN OMSTANDIGHEDEN AANPASSEN. DAARBIJ MAKEN ZIJ INSCHATTINGSFOUTEN. OVER AFSTAND, SNELHEID, WEERSOMSTANDIGHEDEN. IK OOK. DAARDOOR HANGT MIJN ENE ARM ER NU SLAP BIJ.' JAN KRUITHOF IS HOOFDREDACTEUR VAN HET ANWB-BLAD 'PROMOTOR'. HIJ REED OP Z'N MOTOR 60 DUIZEND KILOMETER PER JAAR. TOTDAT HIJ IN DE BUURT VAN ROTTERDAM EEN SCHUIVER MAAKTE. HIJ WIST DAT HET EEN LASTIGE BOCHT WAS, MAAR MISREKENDE ZICH TÓCH: EVEN VERGETEN DAT ER NIEMAND IN ZIJN ZIJSPAN ZAT.

VEILIG ER OVERHEEN EN ONDERDOOR De voeten uit 1936 mogen blijven staan. Daarop komt halverwege de jaren zeventig een nieuwe oeververbinding. Zo'n 2,5 meter hoger om de schepen een veilige doorvaart te bieden. De weg gaat van vier naar zes banen. Daar kunnen de naar schatting 55 duizend auto's in 2000 veilig overheen. Meer dan tien keer zoveel als in 1950. Nog bruikbare delen van de oude Moerdijkbrug vinden een werkzaam bestaan in andere bruggen: in Raamsdonksveer en Spijkenisse.

VAN LAVEREN NAAR LATERAAL De binnenvaart bij Roermond laveert tot 1972 tussen de pleziervaart door. Veilig is anders. Scheiden doet niet altijd lijden. Dus legt Rijkswaterstaat een nieuw kanaal in de kantlijn van de Maas. Lateraal heet dat. Een rechte, efficiënte lijn naast de slingerende grindafgravingen waar vooral dagjesmensen spelevaren. Door de keuze van deze ventweg omzeilen de beroepsschippers bovendien een sluis.

GEEN PANIEK! Het veer tussen Den Helder en Texel vaart al bijna een eeuw onder de vlag van rederij Teso. Al die tijd is er een goed contact met Rijkswaterstaat. Dat is ook de beste garantie voor een snelle en veilige overtocht van passagiers. Haven, vaargeulen, oprijbruggen en boten staan onder voortdurende controle. Echte ongelukken zijn er nog nooit gebeurd. Maar brand staat bovenaan het preventielijstje. Voor improvisatie is dan geen plek. Daarom is er jaarlijks een gezamenlijke oefening. Bluswater is er altijd wel genoeg: geen reden voor paniek.

BIJ SOMMIGE WEGGEBRUIKERS MOET JE EEN KNOP IN HUN BOVENKAMER OMZETTEN

'STREPEN TREKKEN OVER HET ASFALT. MET HET KALKWAGENTJE ACHTER DE BROMMER. EN EEN HELE SLIERT AUTO'S IN M'N KIELZOG. KEURIG IN HET GELID. DAT BEELD IS VOORGOED VERLEDEN TIJD.

Ik schouw al zo'n dertig jaar. Een duur woord voor de boel in de gaten houden. Mijn stukje snelweg, zo zie ik de dik twintig kilometer tussen Alblasserdam en Leerdam. Ik kan elke meter dromen. Dus heb ik meteen in de gaten wanneer er iets loos is. Een gat in de rijstrook bijvoorbeeld. De auto op de vluchtstrook en een paar scheppen koud asfalt in de kuil. Voor eventjes werkt dat prima.

Je maakt wat mee op de weg. Laatst vloog er in de buurt van Gorinchem nog een bejaard echtpaar uit de bocht. Die luitjes zaten helemaal bekneld. Ik heb alarm geslagen en ben bij hen gaan zitten. Praten, paniek bedwingen, gewoon een beetje menselijkheid. Maar ik ga hen niet uit het wrak trekken. Dat is werk voor ambulance en brandweer. Die weten precies hoe je gewonden moet aanpakken. Ik blijf wél in de buurt, want soms kunnen ze een helpende hand gebruiken.

Ik ben nooit te beroerd geweest om de handen uit de mouwen te steken. Kwam er vroeger midden in de nacht een sneeuwstorm opzetten. Dat betekende om drie uur het bed uit, schuivers op de vrachtwagen en, hup, strooien. Dat kon zomaar van zondagnacht tot dinsdagochtend duren. Aan één stuk door. Met af en toe een kleine pauze. Snel met de collega's een hapje eten in het café. Een neutje erbij om warm te blijven. Die ouderwetse gezelligheid is wel verdwenen.

Alles gaat nu een stuk efficiënter. Daar ben ik helemaal vóór. Vijf jaar geleden stond ik nog uren te knoeien met laadbakken vol borden als je bij wegwerkzaamheden een rijbaan moest afzetten. En een gestrande vrachtwagen beveiligen, leidde maar al te vaak tot gevaar voor eigen leven. Nu tovert de verkeerspost in Dordrecht met een druk op de knop rode kruisen boven de weg.

Van de weggebruikers snap ik in de loop der jaren steeds minder. Soms komen ze je onverwachts gezelschap houden, midden op de A15. Of ik even de weg kan vertellen? Dat kan! Binnen drie seconden foeter ik hen tot achter de horizon; voordat er ongelukken gebeuren. Zelf krijgen we ook geregeld de wind van voren. Als we met de weg bezig zijn, vloeken sommige automobilisten ons stijf: waarom we dat niet 's nachts doen? Maar als ze op de andere weghelft een ongeluk zien, zetten diezelfde gasten gerust de auto langs de kant. Dan staan ze op de vangrail naar andermans ellende te kijken. Agressie en gekkigheid, elke dag weer. De overheid moet vooral doorgaan met het verzinnen van knappe, technische vondsten om het verkeer veiliger te maken. Misschien lukt het dan ook nog eens om bij sommige weggebruikers een knop in hun bovenkamer om te zetten. Dan wordt het weer leuk op de weg.'

Leo Edelbroek is inspecteur toezichthouder, vroeger kantonnier. De snelweg tussen Alblasserdam en Leerdam is zijn pakkie-an. Daar heeft hij het dagelijks toezicht. Mankementen, ongeregeldheden en ongelukken brengen hem in actie. Gebreken signaleren en zelf alvast noodverbanden aanleggen.

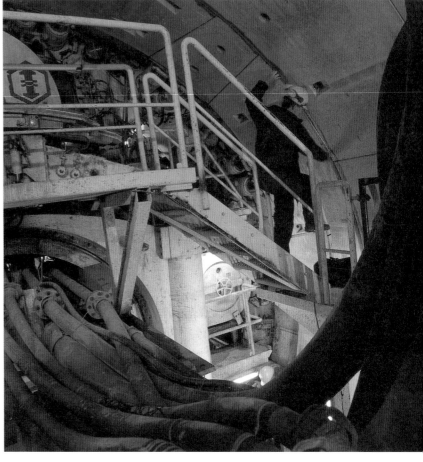

TUNNEL MET GEBRUIKSAANWIJZING De bouwers van de Tweede Heinenoordtunnel vinden een gebruiksaanwijzing belangrijk. Regelmatige gebruikers krijgen te horen waar de alarmknoppen zitten. Eén dreun daarop activeert videobewaking en intercomverbinding. Ook een tunnelganger die zijn been breekt en onmogelijk bij de knop kan, blijft niet onopgemerkt. Niet doordat camera's iedereen voortdurend beloeren, maar doordat bewegingen gemeten worden. Lang geen beweging? Dan gaat de camera aan en krijgt de toezichthouder een seintje. Hulp is snel geboden.

VAN VOORTRAZENDE AUTO'S GESCHEIDEN Vrij baan voor fietsers. En een stukje verderop een veilige baan voor tractoren. Bijna dertig meter beneden NAP, met een lengte van 1350 meter: de Tweede Heinenoordtunnel. De huidige tunnel is straks helemaal voor snelverkeer, zodat dit tegen minder files aanloopt. Met de bouw van de nieuwe oeververbinding onder de Oude Maas, begeeft Rijkswaterstaat zich op onbekend terrein. Het is de eerste geboorde tunnel in Nederlands slappe grond.

DE WET VOORSCHRIJVEN Een geslipte vrachtwagencombinatie blokkeert de complete weg. De eigenaar is niet van plan zich weg te laten slepen. En hij heeft het laatste woord. Dat is jarenlang praktijk. Totdat Rijkswaterstaat een wet uit 1891 ontdekt en afstoft. Die verklaart de vrije doorgang op rijkswegen tot zijn verantwoordelijkheid. Daarom coördineert een centraal meldpunt de berging en hulpverlening. Die gestroomlijnde aanpak levert tijdwinst en vergroot de veiligheid.

ZOUT OP DE WEG De eerste zoutstrooiers verschijnen in de jaren vijftig op de Nederlandse wegen. Zij zijn verre van perfect. Bij een stoplicht laten zij een flinke dot zout achter. De strooier draait namelijk gewoon door. Veertig jaar later is ook op dit terrein de techniek verfijnd. Stilstaan betekent het einde van de zoutstroom. Er zit tegenwoordig water en een soort antivries door het zout. Het is beter af te meten, strooit makkelijker en plakt lekker aan het het wegdek.

'VINGERTJE OMHOOG EN RECHT IN DE OGEN KIJKEN. DAN VERANDERT ZELFS DE MEEST AGRESSIEVE WEGGEBRUIKER IN EEN LAMMETJE DAT VEILIG EN VLUG DE SNELWEG OPDRAAIT.' ROEL VAN DRIEL IS GROEPSCHEF BIJ HET KORPS LANDELIJKE POLITIE-DIENSTEN. ZELF LOOPT HIJ NOG REGELMATIG ROND BIJ INRITTEN VAN SNELWEGEN. WEGGEBRUIKERS TIJDENS DE OCHTENDSPITS HELPEN MET INVOEGEN. TUSSEN GOUDA EN DEN HAAG SCHEELT DAT ZOMAAR EEN HALF UUR RIJTIJD.

GRENZELOOS Grenzen zijn geen barrières meer, maar overgangen. En binnen Europa is van landsgrenzen nauwelijks iets te merken. Ook niet op de weg. Belijning en verlichting zijn daar naadloos op elkaar afgestemd. Grenzeloos eigenlijk.

KEGELS NIET WELKOM Op de Waal is het altijd spits. Er gaat per jaar meer vracht heen en weer dan in de New Yorkse haven. De schipper die in z'n eentje de waterwegen bevaart, wordt daar moe van. Aan een drijvende steiger in Haaften kan hij uitrusten. Wel zo veilig. Voert hij twee blauwe kegels, dan moet hij op zoek naar een andere slaapplaats. Want gevaarlijke stoffen zijn niet altijd welkom in de overnachtingshaven.

VOORBEELDIG Wat op verkeersplein Oudenrijn werkt, past Rijkswaterstaat ook elders toe. Belijning, verlichting, geluidswallen, geleiderails en beheersing van verkeersstromen. Een ander voorbeeldig plein is te vinden op Internet: het Digitaal Verkeersplein. Opgezet om de betrokkenheid van burgers te vergroten. Zestig weggebruikers discussiëren daar regelmatig over verkeer en vervoer. Ambtenaren zetten waar mogelijk hun meningen om in beleid.

UIT DE SCHADUW Als in 1975 de eerste geluidswal verrijst, werpt een ontwikkeling zijn schaduw vooruit. Nederland begint zich te wapenen tegen een voortdurende aanslag op oren en humeur. Vierhonderd kilometer lengte is de beschermende muur inmiddels. Ze heeft allerlei vormen, maten en materialen. Alleen al langs de A2 van Amsterdam naar Maastricht staan wel zestig verschillende uitvoeringen. Soms verweven met het landschap, soms willen ze nadrukkelijk gezien worden.

DE WEG IS KAAL. EEN EENVOUDIGE, ZWARTGRIJZE STREEP IN EEN VRIENDELIJK LANDSCHAP. GEEN WOUD AAN BORDEN, GEEN SNELHEIDSOPDRACHTEN, ZELFS GEEN STREPEN OP HET WEGDEK. Zo'n ongeschonden wegenlandschap is geen beeld uit een grijs verleden van vóór de explosieve groei van de automobiliteit. Het is een blik in een mogelijke toekomst.

De ontwikkelingen in de informatie- en presentatietechnologie tuimelen stormachtig over elkaar heen. De automobielindustrie en de elektronicabedrijven werken aan manieren om zowel het voertuig als de weg slimmer en veiliger te maken. Als bouwer en beheerder van het hoofdwegennet verkent Rijkswaterstaat voortdurend de mogelijkheden. Het kale verkeerslandschap is één van de scenario's.

De voorruit van de auto wordt het venster naar de wereld. In elk geval naar de wereld van veilig verkeer. De computer projecteert noodzakelijke informatie digitaal op het glas. Daar doorheen ziet de automobilist gewoon de weg en de omgeving. Eén oogopslag op de voorruit leert genoeg: snelheid, afstand tot de voorligger, rijstroken, routeplanning, aanbevolen afslag. Geen lampjes, knopjes en landschapvervuilende borden meer. Alleen de informatie die de bestuurder voor deze rit noodzakelijk vindt, komt in beeld. Alle overbodige gegevens en aanduidingen filtert de boordcomputer eruit. In gevechtsvliegtuigen is het gebruiken van de cockpitruit als informatiescherm al praktijk. In de auto lijkt dit voor veel ouderen een uitkomst: ze hebben geen hinder meer van het afwisselend scherpstellen van de ogen op weg en dashboard.

Verder is het vooral een kwestie van de voordelen van nieuwe technieken leren inzien. Wat dat betreft treden ze in de voetsporen van gezagvoerders van verkeersvliegtuigen. Deze vliegen en landen immers al volop met behulp van volautomatische systemen. Als techniek een auto leert weigeren om te botsen, vergroot dat de veiligheid. Datzelfde geldt voor automatische geleiding van voertuigen. Vertrouwen is de basis voor acceptatie. Proeven en demonstraties kunnen het draagvlak vergroten. Het publiek van meet af aan actief betrekken bij het kiezen van oplossingen doet dat zeker. Uiteindelijk bepaalt de samenleving het beleid.

SCHIPPER MAG IK OVERVAREN? De Westerschelde. Niet zomaar een watertje. Sterke stromingen van het tij, soms stevige stormen. En het verschil in waterstand kan wel vijf meter bedragen. Alle reden om de veren in de watten te leggen, zeker zolang ze nog de enige verbinding vormen tussen Zuid-Beveland en Zeeuws-Vlaanderen. Een voorhaven, stevige geleidingsconstructies en een fuik in dubbele uitvoering maken de bedrijfsvoering zeker. Een veilig idee nu de tunnel er nog niet is.

VETTE VISSEN Vierhonderddertig autowrakken vist Rijkswaterstaat eind 1996 uit het Amsterdam-Rijnkanaal. Dat is driemaal zoveel als bij de grote schoonmaak zeven jaar eerder. In de tussenliggende periode is daar dus gemiddeld iedere week een auto in de plomp geduwd. Jatwerk. Of te beroerd om de aftandse brik naar de sloop te brengen. Wagens op de bodem zijn op den duur een bedreiging voor de scheepvaart. De hele operatie kost ruim een half miljoen. Per geborgen wrak 1.500 gulden.

HIJ RENT VOOR Z'N LEVEN. 'EEN SPORTIEF DRAFJE,' LACHT SLUISMEESTER LO MEIER ACHTERAF DE GEVAREN WEG. MAAR HET SCHIP BOORDEVOL AUTO'S DRUKT DE BRUG BIJ DE ZEESLUIS IN TERNEUZEN ONVERBIDDELIJK IN PUIN. SCHEEPVAART EN WEGVERKEER ZIJN GERUIME TIJD VAN SLAG. Een gigantisch stootblok beschermt sindsdien al vijftien jaar de brug bij de ingang van het Kanaal van Gent naar Terneuzen. Eigenlijk is het een reuzenvlot. Dit moet voorkomen dat zeeschepen door de wind opzij gezet worden en brokken maken. Trouw wordt het ponton op z'n plek gesleept. Om het schip in het rechte spoor te houden, geeft een bovenmaatse draaiarm het schip zonodig een zetje tegen de kont. Dat is alleen bij sterke westenwind nodig. Dan kunnen de vier sleepboten de meer dan tweehonderd meter lange gevaartes soms niet op koers houden. Maar Rijkswaterstaat laat niets aan het toeval over om de veilige doorvaart te garanderen. Kreukelzones zijn het nieuwste wapen in de strijd tegen ongewild ramwerk. Op meerdere plaatsen beschermen zij vitale bruggen. Zo ook bij Sluiskil en Sas van Gent. De met zand gevulde stalen wanden vormen een veilige buffer voor de brugdelen. De enige schade bij een botsing is voor de veroorzaker. Met de nieuwe aanpak is ook vervoer mogelijk als er een dikke grijze deken over het water hangt. Brugwachter George de Bakker in Sluiskil wacht de aangekondigde nadering van het zeeschip rustig af. Hij tuurt in de muur van mist en weet zichzelf en zijn brug veilig. Geen gesprint voor eigen leven. Geen schade van tientallen of honderden miljoenen. Hij vertrouwt op de kreukelzone en weet bovendien dat de kans op een aanvaring in de mist erg klein is. Recente simulatieproeven van schepen met geblindeerde stuurhutten tonen dat aan. Varend op de instrumenten vinden loodsen moeiteloos de weg.

Zeeuwen hebben – terecht of niet terecht – de reputatie zuinig te zijn. In elk geval schrijven ze veiligheid met hoofdletters. Mede daarom is tot voor kort een tochtje over het kanaal Gent-Terneuzen met een zicht van minder dan tweehonderdvijftig meter ondenkbaar. Maar Zeeuwen zijn ook flexibel. Dus als de Gentse havenautoriteiten smeken om ruimere marges voor hun schepen met auto-onderdelen, komt er een oplossing. Deze is vijfentwintig meter lang, tien meter breed en steekt vier meter boven het kanaalpeil uit. Een zee van licht zet de reuzenbuffer voortdurend in het zonnetje. Hij maakt dat honderd meter zicht voortaan genoeg is voor een veilige doortocht. De haven- en gemeentebestuurders van Gent zijn tevreden. De plaatselijke autofabriek is verzekerd van onderdelen. Een schadepost van vele miljoenen harde Belgische francs per dag blijft uit. Geen boze Zweedse klant ook, die dreigt z'n spullen elders af te leveren. De acht miljoen gulden voor het veiligheidsproject betaalt Gent daarom graag.

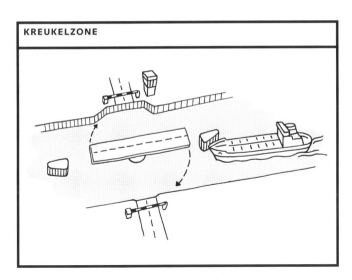

KREUKELZONE

→→ WINDSCHERMEN SLUIS ROZENBURG 155 ◁△

RUIMTEVAART Hulp komt uit de ruimte. Terneuzen heeft een nieuwe techniek om zeereuzen veilig de sluis in te krijgen. Dit Sluis Naderings Systeem werkt met zes satellieten. Een van oudsher lastige klus wordt een makkie. Via een draagbare ontvanger krijgt de loods informatie over snelheid, positie en afstand tot de wal. Tot op de centimeter nauwkeurig. De peperdure verzekering is opgezegd.

OMDAT DE MILIEUWIND WAAIT Rolschaatsen op de A1. Het kan tijdens de oliecrisis van 1973. In Nederland gaat vanaf dan een andere milieuwind waaien. De petrochemische industrie in de Rotterdamse haven komt niet verder van de grond. Daarom passeren nu geen lage tankers maar hoge containerschepen de smalle doorgang bij de Calandbrug. Een hachelijke onderneming voor de enorme, windgevoelige dozen. Heel Rotterdams komt er een praktische oplossing uit de bus. Een windscherm voor schepen: 1,7 kilometer lang en 25 meter hoog. Goed voor verschillende prijzen en onderscheidingen.

HIJ IS SLIM. HIJ VERWIJST DE HUIDIGE VERLICHTING NAAR HET
STENEN TIJDPERK. DAG EN NACHT IS ER PRECIES VOLDOENDE
ZICHT OP DE SNELWEGEN.
HET LICHT PAST ZICH AAN ALLE OMSTANDIGHEDEN AAN. DYNO
ZORGT DAARVOOR. HET NIEUWE SYSTEEM HEET VOLUIT:
DYNAMISCHE OPENBARE VERLICHTING. DE WEGGEBRUIKERS
OP DE A12 TUSSEN GOUDA EN NIEUWERBRUG PLUKKEN ER
DE EERSTE VRUCHTEN VAN. ZIJ ZITTEN NAMELIJK IN HET PROEF-
GEBIED. DE EERSTE TESTRESULTATEN LEIDEN TOT GEESTDRIFT.
DE PROEFPERSONEN ZIJN TEVREDEN. EN OOK DIEREN HOUDEN
VAN HET NIEUWE REGIME. HET KOMT HUN NACHTRUST TEN
GOEDE. BIJ DICHTE MIST, FILES EN STREMMINGEN STRAALT
DYNO TWEE KEER ZO FEL ALS DE REGULIERE WEGVERLICHTING.
OM DAARNA WEER TERUG TE ZAKKEN NAAR EEN NORMAAL
NIVEAU. IN EEN HELDERE ZOMERNACHT MET WEINIG VERKEER
DIMT DE VERLICHTING TOT EEN FLAUW SCHIJNSEL. DAN
GEBRUIKT ZE SLECHTS TWINTIG PROCENT VAN HAAR CAPACITEIT.
EEN SERIE MEETPUNTEN LANGS DE WEG SEINT VOORTDUREND
ALLERLEI GEGEVENS DOOR: DRUKTE, CALAMITEITEN EN WEERS-
OMSTANDIGHEDEN. DYNO VERTAALT DIE EN SCHAKELT EEN
TANDJE HOGER OF LAGER. VEILIGHEID EN MILIEU ZIJN DE
GROTE WINNAARS.

DYNO

AMERSFOORT AAN ZEE

EEN OM AANDACHT SCHREEUWENDE KOP IN EEN ADVERTENTIECAMPAGNE. IN 1989 LATEN DE SAMENWERKENDE UNIVERSITEITEN DEZE ONTWIKKELEN OM HUN KENNIS, KUNDE EN AANTREKKE-LIJKHEID IN DE KIJKER TE SPELEN. HET VERHAAL VAN DE ADVERTENTIE IS KORT EN SIMPEL: ZON-DER INGRIJPEN VAN DE MENS SLOKT DE ZEE EEN STEEDS GROTER STUK VAN ONS LAND OP.

Rijkswaterstaat zorgt ondertussen al een paar eeuwen dat half Nederland, tot Amersfoort toe, niet verandert in een zompig zeemoeras. Talrijke plaatselijke en regionale organisaties zetten daar al jaar en dag stevig hun tanden in. Sinds 1798 ervaren zij landelijke regie. De uitvoering gebeurt in samenspraak en samenwerking met de waterbeheerders. Kennisinstituten en universiteiten leveren er een onmisbare bijdrage aan. En steeds is het de samenleving die de vraag aan haar oudste rijksdienst bepaalt. Deze begint met droge voeten, maar draait uiteindelijk om de kernbegrippen leefbaarheid en bereikbaarheid. Nederland wil niet wakker liggen uit angst voor overstromingen. Het wil genoeg water om landbouw, scheepvaart en bedrijven soepel te laten draaien. Het water moet natuurlijk schoon en bruikbaar zijn. En mensen en goederen moeten bovendien vlot en veilig van hot naar her kunnen. Nederland vervult immers nog steeds de rol van voordeur van Europa en wil z'n economische groei voortzetten.

Rijkswaterstaat is veruit de grootste werkorganisatie binnen het ministerie van Verkeer en Waterstaat: rond 10.000 medewerkers.

Belast met het ontwikkelen van landelijk *beleid* op het gebied van:

WATERBEHEERSING
WATERKWALITEIT

Belast met de *uitvoering* van landelijk beleid op het gebied van:

WATERKEREN
WATERKWALITEIT
WATERHUISHOUDING
VAARWEGEN
RIJKSWEGEN
VERKEERSVEILIGHEID

In de praktijk heeft het werk talloze gezichten. Zo moet Rijkswaterstaat waken tegen overstromingen. Ook moet hij zorgen dat de hoofdtransportassen, de ruggengraat van het vervoer, deugen. Dat betekent directe of indirecte betrokkenheid bij planning, aanleg, beheer en onderhoud van doorgaande wegen, vaarwegen en spoorlijnen. Ongeveer 3000 kilometer autoweg en 2200 kilometer rivier en kanaal is bij Rijkswaterstaat in beheer. Zandopspuitingen op stranden, dijkaanleg, wegpompen van binnendringend zout water, ontgrondingen, uitbaggeren van vervuilde waterbodems, inperken van geluidshinder door het verkeer, verlagen van het aantal verkeersslachtoffers, tegengaan van watervervuiling, onderhouden van wegen met minimale verkeershinder, milieuvriendelijker vervoer, bevorderen van transport over water, beter benutten van bestaande wegen, beschermen van dieren tegen gevolgen van verkeer en vervoer, bruggenbouw, tunnelaanleg, voorlichting aan weggebruikers: zomaar een greep uit de lijst met activiteiten. Rijkswaterstaat laat daarmee z'n sporen na. In het landschap, zoals de beelden in dit boek getuigen. Maar even herkenbaar is de invloed op de wijze waarop de samenleving haar mobiliteit, bereikbaarheid, veiligheid en leefbaarheid organiseert. Steeds is dat een kwestie van meebewegen met de inzichten, noden en streefbeelden van de tijd. Duurzaamheid, het weigeren om milieuproblemen naar toekomstige generaties door te schuiven, legt de laatste tien jaar bijvoorbeeld doorslaand gewicht in de schaal bij het uitwerken van oplossingen.

Burgers, bedrijven en belangengroepen reageren steeds mondiger. Bovendien hechten lokale en regionale overheden in toenemende mate aan hun rol als volwaardige partner in beleidsontwikkeling en uitvoering. Dat Rijkswaterstaat van oudsher een sterke regionale organisatie kent, komt hierbij goed van pas. Het vinden van oplossingen kan op die manier dicht bij direct betrokkenen vorm en inhoud krijgen. Daarbij speelt Rijkswaterstaat dikwijls voor regisseur. Partijen bij elkaar brengen, hen aanspreken op hun verantwoordelijkheden, hen stimuleren in het maken van samenhangende keuzes, hen bijstaan met kennis van technieken en procedures, en hen financieel ruggesteunen.

Rijkswaterstaat kent tegenwoordig tien regionale directies. De beheersgebieden zijn:

NOORDZEE
NOORD-NEDERLAND
OOST-NEDERLAND
UTRECHT
IJSSELMEERGEBIED
NOORD-HOLLAND
ZUID-HOLLAND
ZEELAND
NOORD-BRABANT
LIMBURG

Kennis is de sleutel naar een verantwoorde toekomst. De maatschappelijke problemen van vandaag en morgen vragen voor hun oplossing om kennisvergaring, diepgravend en breedgeworteld. Onderzoek, ervaring en dialoog spelen hoofdrollen bij een stelselmatige toekomstverkenning. Rijkswaterstaat zorgt voor het behouden, vergroten en tijdig verfrissen van kennis over het gehele werkterrein. Niet alleen om deze zelf doelmatig toe te passen, maar ook om ze ter beschikking te krijgen van andere beheerders van water en wegen, nationaal en internationaal.

Zes specialistische diensten zijn verantwoordelijk voor de uitvoering van de kennistaken van Rijkswaterstaat:

ADVIESDIENST VERKEER EN VERVOER
BOUWDIENST
DIENST WEG- EN WATERBOUWKUNDE
MEETKUNDIGE DIENST
RIJKSINSTITUUT VOOR KUST EN ZEE
RIJKSINSTITUUT VOOR INTEGRAAL ZOETWATERBEHEER EN AFVALWATERBEHANDELING

De Adviesdienst Verkeer en Vervoer draagt bouwstenen aan voor het verkeers- en vervoerbeleid. Dat loopt uiteen van studies naar personenvervoer over water of ondergronds goederenvervoer tot het analyseren van de vrijheidsbeleving van automobilisten of de invloed van mobiliteit op het milieu. Techniek, veiligheid en management van verkeer hebben de voortdurende aandacht van de adviesdienst.

De Bouwdienst is het ingenieursbureau. Bruggen, sluiscomplexen, stormvloedkeringen, tunnels, verkeersmanagementsystemen, wegreconstructies: de dienst tekent voor het ontwerp en de begeleiding van talrijke grote infrastructurele projecten. Ook beleidsanalyse en technische doorlichting zijn taken.

De Dienst Weg- en Waterbouwkunde heeft als specialisme: technisch optimale en milieuverantwoorde keuzes. Van geluidsschermen tot reinigen van zeer open asfalt beton (ZOAB), van hergebruik van verontreinigd baggerslib tot aanleg en onderhoud van golfbrekers, van gladheidsbestrijding tot grondwaterstromen.

De Meetkundige Dienst is de leverancier van plaatsgebonden informatie: hoogtes, oeverlijnen, ligging van leidingen en kabels, de mate van vervuilingen, ga zo maar door. De informatie geschiedt in tekst, op kaart en digitaal. De dienst is ook verantwoordelijk voor een juiste hoogtemeting van Nederland. Dus voor het instandhouden van het Normaal Amsterdams Peil (NAP).

Het Rijksinstituut voor Kust en Zee (RIKZ) adviseert en informeert over een duurzaam gebruik van riviermondingen, kust en zee. Daarbij gaat het bijvoorbeeld om: de dreiging van de zeespiegelstijging, de mogelijkheden om de zee mondjesmaat landinwaarts toe te laten, de oorzaken van zweren en gezwellen bij zeevissen en de gevolgen van zeestromingen voor vaarwegen en kustafslag.

Het Rijksinstituut voor Integraal Zoetwaterbeheer en Afvalwaterbehandeling (RIZA) is de kennisbron voor alles wat binnen Nederland met water te maken heeft. De verontreiniging en haar gevolgen voor mens, dier en plant. De mogelijkheden voor ecologisch herstel. De waterstanden. De zuiveringstechnologie. Het bewaken van de waterkwaliteit. De actieve ondersteuning bij de vergunningverlening voor het lozen van vuil water en de controle daarop.

OF RIJKSWATERSTAAT DE WERKELIJKHEID VAN ZIJN DAGELIJKS WERK NU IN BETON, IN BELEID OF IN BEÏNVLOEDING VAN GEDRAG GIET: STEEDS IS HET WERK VÓÓR EN DÓÓR MENSEN.

EEN BLIK OVER DE SCHOUDER

HET PARLEMENT HEET IN DIE DAGEN 'VERTEGENWOORDIGEND LIGHAAM DES BATAAFSCHEN VOLK.' EN DE 'AGENT VAN ALGEMEENE POLITIE EN BINNENLANDSCHE CORRESPONDENTIE' IS ZOVEEL ALS DE MINISTER VAN BINNENLANDSE ZAKEN. DEZE MINISTER, ABRAHAM JACQUES LAPIERRE, KRIJGT VAN HET PARLEMENT DE CENTRALE ZORG VOOR DE BESCHERMING VAN HET LAND TEGEN OVERSTROMING. OP 27 MAART 1798 IS DAARMEE DE VERWEKKING VAN RIJKS-WATERSTAAT EEN FEIT.

Terpen en dijken horen al een paar duizend jaar bij Nederland. Plaatselijke samenwerkingsverbanden hebben daar de zorg voor. Rond 500 na Christus koppelen deze voorlopers van de waterschappen hun zee- en rivierdijkjes aan elkaar. Maar daarmee is nog geen sprake van een landelijk beleid. Zware stormvloeden kosten keer op keer mensenlevens en slokken nieuwgewonnen land op. En het voortdurend droog houden van landbouwgronden laat de bodem steeds verder dalen. De waterschappen boeken ondertussen toch successen met inpolderingen en het zorgen voor bevaarbare waterwegen.

Aan het eind van de achttiende eeuw vindt het parlement een krachtige, centrale organisatie nodig om het land van de ondergang te redden. Al meer dan een halve eeuw doet de paalworm zich tegoed aan de houten wanden en palissaden die land en havens moeten beschermen tegen de beukende golven. De scheepvaart struikelt over vele verzande havenmonden. IJsdammen veroorzaken opstoppingen in de rivieren en dijken kunnen vervolgens het hoogwater niet aan. De veiligheid gaat niet automatisch hand in hand met de economie. Ingrepen in het ene gebied hebben gevolgen in een ander. En steeds blijkt het hemd dan nader dan de rok. De tijd is rijp voor centrale waterstaatszorg. Acht weken na de opdracht van het parlement ligt er een plan van aanpak. Daarbij hoort de instelling van een Bureau van den Waterstaat. Rijkswaterstaat is geboren. Aanvankelijk bestaat dit uit een president, zijn assistent, een technisch tekenaar en een amanuensis. Ook is er een buitendienst van zestien man. De eerste begroting bedraagt driehonderdduizend gulden. De nieuwe rijksdienst kiest positie voor twee ankers: een coördinerende, controlerende top in Den Haag en grote uitvoerende verantwoordelijkheid in de regio. Er is in tweehonderd jaar veel veranderd.

Rijkswaterstaat kent ruim tienduizend medewerkers en de jaarlijkse begroting omvat bijna zes miljard. Maar de combinatie van centrale afstemming en sterke regionale inbedding is onverminderd van kracht. En in wezen zijn de taken ongewijzigd.

EEN BLIK OVER DE SCHOUDER IN BLOKKEN VAN VIJFTIG JAAR LEERT IETS OVER DE TIJD EN IETS OVER DE RIJKSWATERSTAATWERKEN DIE DAARIN PASSEN.

DE PERIODE 1800 / 1850

ALGEMENE ORGANISATIE Het begin van een georganiseerde waterstaat. Plannen en activiteiten staan in het teken van veiligheid. IJsbestrijding is belangrijk: verbetering van de afvoer van grote rivieren.
Ook de aanleg van kanalen staat hoog op de activiteitenlijst. Het eerste nationale wegenplan ziet in 1821 het levenslicht. Vanaf 1830 blijven de plannen lang in de kast door spanningen met de zuiderburen en het onstaan van de zelfstandige staat België.

ENKELE WERKEN afwateringssluis bij Katwijk; Zuid-Willemsvaart; Noord-Willemsvaart; Groot Noord-Hollands Kanaal; Kanaal Gent-Terneuzen; marinehavens Hellevoetsluis en Den Helder; eerste plannen voor het droogmaken van de Haarlemmermeer

ENERGIE De gebruikte middelen zijn vrij primitief. Wind, mens en dier zijn de belangrijkste krachtbronnen.
De stoommachine begint voorzichtig aan haar zegetocht.

NIEUWE TECHNIEKEN reuzegemalen, onder meer Cruquius bij droogmaken Haarlemmermeer; stoomwerktuigen bij de Arkelse Dam

DE PERIODE 1850 / 1900

ALGEMENE ORGANISATIE Nederland nieuwe stijl vindt z'n bekrachtiging in de grondwet van 1848. De provinciale waterstaten krijgen vorm. Tegelijkertijd nemen nieuwe of samengevoegde waterschappen een deel van de taken op zich. Met nieuwe wetgeving groeit zowel het juridische als bestuurlijke instrumentarium van de organisatie. Grote infrastructurele werken worden in gang gezet. Haventoegangen en verbindingen met het achterland krijgen de hoogste prioriteit. Ook de kleinere stroompjes maken daar onlosmakelijk deel van uit. De afwatering en kanalisatie in veenstreken is daarvan een voorbeeld. Het hele land gaat op de schop om waterleidingen aan te leggen. De aansluiting van rioleringen gaat in één moeite mee. Nederland stapt over de drempel van de industrialisatie.

ENKELE WERKEN Nieuwe Waterweg; Noordzeekanaal; Eemskanaal; verlegging Maasmond; Nieuwe Merwede en Merwedekanaal; Overijsselse kanalen; Apeldoorns Kanaal; Stads- en Oranjekanaal; kanalen door Walcheren en Zuid-Beveland; spoorbrug Culemborg; verbetering van kleine rivieren als de Dommel, Schipbeek, de Regge

ENERGIE De overgang van wind op stoomenergie maakt het bemalen beter en afwateren eenvoudiger. Paarden- en spierkracht blijven noodzakelijk bij bijvoorbeeld het graven van kanalen.

NIEUWE TECHNIEKEN beton storten; stoomgraaf-machines; elektrische apparaten

DE PERIODE 1900 / 1950

ALGEMENE ORGANISATIE De strijd tegen het water is in volle gang. In het hele land staan grote infrastructurele werken in de steigers. Het einde van de ontvening is in zicht. De agrarische revolutie stelt scherpere eisen: nat en droog op de gewenste momenten en water dat deugt. Met de nieuwe waterhuishouding sluipt de verzilting binnen. Rijkswaterstaat gaat die te lijf met specialistische kennis en technieken. In Nederland rijden in 1900 zo'n duizend auto's. In 1938 honderdduizend. Dus op grote schaal wegenbouw. De Tweede Wereldoorlog brengt rampspoed, verwoesting en de noodzaak tot herstel.

ENKELE WERKEN Afsluitdijk; aanvang Zuiderzeewerken; kanalisatie/beter bevaarbaar maken van Maas, Rijn, IJssel, Waal; het Amsterdam-Rijnkanaal; Noordersluis IJmuiden; het Julianakanaal; grote bruggen; autosnelwegen

ENERGIE Stoommachines nemen veel zwaar werk uit handen. De ontwikkeling van de motor betekent een grote sprong voorwaarts. Diesel en elektriciteit zijn populaire krachtbronnen. Kolen raken op de achtergrond.

NIEUWE TECHNIEKEN berekeningsmethoden dijken en sluizen; bulldozers; caissons

DE PERIODE 1950 / HEDEN

ALGEMENE ORGANISATIE Rijkswaterstaat ondergaat reorganisaties. Doelmatig optreden luidt het parool. En vooral ook luisteren naar de burger. Het uiteindelijke streven is een helder, flexibel en open uitvoeringsorgaan, gericht op het beheer van de hoofdinfrastructuur en de realisatie van nieuwe projecten. Veiligheid, schoon water, verkeer en vervoer eisen in een steeds voller land alle aandacht op. Tegelijkertijd vraagt de zorg voor het milieu meer en meer om ingrijpende maatregelen. Duurzaamheid wordt een leidraad voor denken, handelen en bouwen.
Het is tijd te breken met de gedachte dat water overal en ten koste van alles buiten de deur gehouden moet worden. De strategie is minder defensief.

ENKELE WERKEN voltooiing Zuiderzeewerken; Deltawerken; vernieuwing en verruiming van verschillende kanalen, zoals Maas-Waalkanaal, Kanaal van Terneuzen, Rijn-Scheldeverbinding; drie stuwcomplexen in Nederrijn en Lek; omvangrijke verkeersknooppunten als Oudenrijn en Prins Clausplein; autosnelwegennet met bruggen, tunnels en aquaducten

ENERGIE Van de elektriciteit weer terug naar af. De natuur is vaker leverancier van energie. Zon en wind eisen hun milieuvriendelijke plek op.

NIEUWE TECHNIEKEN beweegbare stormvloedkeringen; waterzuiveringsmethoden; scheiden zoet en zout water; elektronica; satelliet; zeer open asfalt beton (ZOAB); verkeersinformatie en -begeleiding

EEN GRABBELTON AAN REGELS DE VAN OORSPRONG MILITAIRE ORGANISATIE HEEFT ALTIJD EEN STERKE BEHOEFTE GEHAD OM DE EIGEN PRAKTIJK VAN ALLEDAG IN VOORSCHRIFTEN EN REGELS TE BEITELEN. DE MINISTER TEKENDE ERVOOR. EEN BLOEMLEZING UIT DE OUDE DOOS.

1817 Verplichte openbare aanbesteding van alle werken en leveranties boven de vijfhonderd gulden

1837 De ambtenaar dient zich bij aanbestedingen te vergewissen van de solidariteit van de aannemers en hun borgen

1853 Spelregels voor het sluiten van overeenkomsten met personen die niet kunnen schrijven

1863 Ook buitenlanders mogen meedoen bij openbare werken

1864 Een verbod om – zonder opdracht van de minister – voor anderen te werken

1866 De aanleg van Rijkswerken levert soms bijzondere vondsten op. De betrokken ambtenaren mogen de vinders van waardevolle voorwerpen direct uitbetalen

1869 Aannemers moeten de bouw fotografisch laten vastleggen. De minister krijgt van elke bouwfase drie foto's, de directeur van de polytechnische school één

1872 Verbod op oneigenlijk gebruik van budgetten. Tegen het einde van het jaar geen bestellingen meer om het beschikbare bedrag op de begroting alsnog op te maken

1875 Officiële documenten verdienen ruimte voor zegelstempels

1878 De bestektekeningen zijn te groot. De drukkosten moeten hoognodig gedrukt

1884 Eigen stenen eerst. Zoveel mogelijk inlandse klinkers gebruiken, behalve als deze te duur zijn

1886 Voor behangwerk is naturel papier vereist van ten hoogste 25 cent per rol

1893 Toestemming voor het plaatsen van reddingsmaterialen bij Rijkssluizen en -bruggen. Toestemming voor aanschaf van het Rode Kruis-boekje voor Eerste Hulp

1898 De doorsnee bureelambtenaar moet minimaal hbs op zak hebben of het opzichtersexamen met succes afronden

1899 Voor het gebruik van eigen rijwielen in diensttijd bestaat een vergoeding van 3 cent per kilometer tot een maximum van honderd gulden per jaar

1899 De maximum werktijd bedraagt voortaan 11 uur per dag, exclusief de schaft

1907 Schrijfmachines moeten schrijfwerk terugdringen

1913 Tienurige werkdag

1917 Vanwege de kolennood mag het in de kantoren van de waterstaat niet warmer zijn dan 15,5 graden

HET MAG GEZIEN WORDEN

'BOEREN, BURGERS, BUITENLUI, KOMT DAT ZIEN, KOMT DAT ZIEN!' DIE SCHALLENDE UITNODIGING IS BIJNA VOLTOOID VERLEDEN TIJD. RONDREIZENDE TENTOONSTELLINGEN ZIJN EEUWENLANG EEN VERTROUWD BEGRIP. MAAR DE TIJDEN VERANDEREN. EN DAARMEE OOK DE MANIER OM BELANGSTELLING TE VANGEN. DE VERNIEUWING GAAT VERDER. RIJKSWATERSTAAT REIST NIET ROND MET EEN JUBILEUMTENTOONSTELLING. DAT MAG DE BEZOEKER DOEN. Ingenieurs, architecten, ontwerpers, technici en beleidsmakers hebben het over kunstwerken als ze bruggen, vuurtorens, viaducten, sluizen, tunnels en dergelijke bedoelen. En kunstwerken zijn het: door de vorm, de complexiteit, de eenvoud, de doelmatigheid, de gebruikte materialen, de techniek, de beloften of – soms – de dwaasheid. Kunstwerken zijn het, zelfs als ze bol staan van lelijkheid. Duizenden van die ingenieurswerken heeft Rijkswaterstaat in twee eeuwen gebouwd, gegraven, gegoten of in elkaar geknutseld. Vóór en dóór mensen bedacht. Rijkswaterstaat jubileert: tweehonderd jaar. Een goede reden om tweehonderd kunstwerken en locaties speciaal in het zonnetje te zetten. Samen vormen ze een tentoonstelling van bijzondere werken. Gratis toegankelijk. Dag en nacht geopend. Boeren, burgers, buitenlui, gaat dat zien, gaat dat zien...

TUNNEL	DIJK	WATERWEG	WEG	SLUIS	GEMAAL	MILIEU-	OVERIG
BRUG	LANDAANWINNING	HAVEN	VERKEERSPLEIN	STUW	SPUIWERK	VOORZIENING	
AQUADUCT	DAM	VEER	VERKEERSBEGELEIDING		SIFON		
VIADUCT	ZEEWERING	STREKDAM			AFWATERING		
	VLOEDDEUR						

UITWATERINGSSLUIS NOORDPOLDERZIJL ≈

NR001

PROVINCIE Groningen
LOCATIE Usquert, zeedijk tegenover haven
OMSCHRIJVING Deze aangepaste en gerenoveerde voorziening is van belang voor de afwatering van Noord-Groningen.

EEMSHAVEN ≋

NR002 / P122 / F DANIËL KONING

PROVINCIE Groningen
LOCATIE Noord-Groningen
OMSCHRIJVING Zeehavencomplex met directe toegang tot de zee.

VLOEDDEUR DELFZIJL ⋈

NR003 / P045 / F SIEBE SWART

PROVINCIE Groningen
LOCATIE tussen de haven van Delfzijl en de stad
OMSCHRIJVING Deze zeewering is bedoeld als verdediging tegen stormvloeden.

GRAFZERKEN OTERDUM ✳

NR004 / P064 / F TINEKE DIJKSTRA

PROVINCIE Groningen
LOCATIE Eems, ten zuidoosten van Delfzijl
OMSCHRIJVING Het is een gedenkplaats en monument ter nagedachtenis aan het terpdorp dat daar eens lag.

GETIJDEGEBIED DOLLARD ᴎ

NR005 / P174 / F TINEKE DIJKSTRA

PROVINCIE Groningen
LOCATIE Buitendijks gebied tussen Delfzijl en Nieuwe Statenzijl
OMSCHRIJVING Voorbeeld van een interessante biotoop, met name door de zoetwatertoevoer uit de Eems in het bekken.

SCHUTSLUIS/SPUISLUIS, NIEUWE STATENZIJL ≈

NR006 / P130 / F SIEBE SWART

PROVINCIE Groningen
LOCATIE Dollard
OMSCHRIJVING Complex dient ter afwatering van zuid-oost Groningen.

BRUGGEN VAN STARKENBORGHKANAAL ⋈

NR007 / P252 / F TINEKE DIJKSTRA

PROVINCIE Groningen
LOCATIE ten noord-oosten van de stad Groningen
OMSCHRIJVING In Groningen zijn nog enkele markante bruggen met hefgedeelte, tafelbruggen genoemd, te zien.

VLOEDDEUREN IN ZOUTKAMP ⋈

NR008 / P041 / F SIEBE SWART

PROVINCIE Groningen
LOCATIE Zoutkamp
OMSCHRIJVING De spuisluizen van deze oude zeedijk zijn volledig gerestaureerd en zorgen voor de afwatering van grote delen van Noord-Nederland.

LANDAANWINNINGEN WADDENZEE ⋈

NR009 / P053 / F TACO ANEMA

PROVINCIE Groningen/Friesland
LOCATIE Waddenkust, Friesland en Groningen
OMSCHRIJVING De landaanwinningswerken zijn nu kwelders en aangewezen als natuurgebied.

LAUWERSDAM ⋈

NR010 / P044 / F SIEBE SWART

PROVINCIE Friesland/Groningen
LOCATIE Lauwersdam
OMSCHRIJVING Na de afsluiting van het Lauwersmeer heeft het gebied meerdere functies gekregen, nl. een natuur-, defensie- en recreatiegebied.

BOSCHPLAAT TERSCHELLING ᴎ

NR011

PROVINCIE Friesland
LOCATIE Oost-Terschelling
OMSCHRIJVING Dit is een van de voorbeelden van de ontwikkeling en het beheer van nieuwe natuurgebieden.

VEERDAM HOLWERD ⋔

NR012 / P106 / F KAREL TOMEÏ

PROVINCIE Friesland
LOCATIE Holwerd (Friesland)
OMSCHRIJVING De veerboot naar Ameland brengt vanaf deze buitendijkse steiger duizenden toeristen naar de overkant.

VUURTOREN BRANDARIS ✳

NR013 / P196 / F KAREL TOMEÏ

PROVINCIE Friesland
LOCATIE West-Terschelling
OMSCHRIJVING De Brandaris is Nederlands meest bekende baken voor de scheepvaart.

HAVENMONDING HARLINGEN ≋

NR014 / P218 / F KAREL TOMEÏ

PROVINCIE Friesland
LOCATIE Harlingen, toegangsgeul haven
OMSCHRIJVING Schepen maken een flinke slinger vlak bij het uitvaren van de haven van Harlingen. Dit komt door de Pollendam, die dient voor de stabiliteit van de vaargeul voor dieper stekende schepen.

GECOMBINEERD STEUNPUNT HARLINGEN ✳

NR015 / P214 / F TACO ANEMA

PROVINCIE Friesland
LOCATIE Harlingen
OMSCHRIJVING Dit is een van de vaste steunpunten van Rijkswaterstaat waar materiaal en materieel aanwezig is. Het is gelegen bij de kruising van de A31 en het Van Harinxmakanaal.

AQUADUCTEN A32 ⋈

NR016 / P216 / F TINEKE DIJKSTRA

PROVINCIE Friesland
LOCATIE A32 bij Grouw
OMSCHRIJVING De A32 is de verbinding in het rijkswegennet tussen Leeuwarden en Zwolle. Bij de kruisingen met het Margrietkanaal en de Boorne zijn twee aquaducten gebouwd.

BRUG BIJ DE PUNT ⋈

NR017 / P111 / F TACO ANEMA

PROVINCIE Drenthe
LOCATIE De Punt (tussen Assen en Groningen)
Het bijzondere aan deze brug is de vorm (als een wybertje) van het beweegbare wegdek.

AFSLAG TT A28, ASSEN ⋔

NR018

PROVINCIE Drenthe
LOCATIE Zuidoost-Assen
OMSCHRIJVING De afslag wordt alleen in zeer bijzondere gevallen opengesteld, zoals tijdens de TT-races.

VEENKANALEN ≋

NR019 / P177 / F TINEKE DIJKSTRA

PROVINCIE Drenthe
LOCATIE Aansluiting Oranjekanaal Hoogersmilde
OMSCHRIJVING Veel kanalen in Drenthe werden aangelegd voor het transport van turf. Scheepvaart is nu niet meer mogelijk door de geringe hoogte van de inmiddels geplaatste vaste bruggen over de kanalen.

AANPASSING VERKEERSPLEIN HEERENVEEN ⋔

NR020 / P108 / F TACO ANEMA

PROVINCIE Friesland
LOCATIE Heerenveen
OMSCHRIJVING Ter plaatse kruisen de rijkswegen A7 (Afsluitdijk-Drachten) en A32 (Leeuwarden-Zwolle) elkaar.

SLUIS TERHERNE ⇕

NR021

PROVINCIE Friesland
LOCATIE Terherne, Margrietkanaal
OMSCHRIJVING De sluis is onderdeel van de secundaire waterkering door de Friese Boezem en dient ter voorkoming van waterbeweging bij sterke zuidwestelijke winden.

AANSLUITING AFSLUITDIJK A7/N31 ⋔

NR022

PROVINCIE Friesland
LOCATIE Zurich (Friesland)
OMSCHRIJVING De aansluiting van de A7 over de Afsluitdijk met de N31 bij Zurich is zo ontworpen dat rekening gehouden kon worden met een aan te leggen spoorlijn.

AFSLUITDIJK ⋈

NR023 / P023 / F SIEBE SWART

PROVINCIE Friesland
LOCATIE Afsluitdijk bij Kornwerderzand, Friese zijde
OMSCHRIJVING De afsluitdijk werd in 1932 gesloten en is een monument van de voortdurende strijd van de Nederlanders met het water.

SPUISLUIZEN DEN OEVER ≈

NR024

PROVINCIE Noord-Holland
LOCATIE Den Oever
OMSCHRIJVING De spuisluizen in de Afsluitdijk zorgen voor de afvoer van overtollig water uit het IJsselmeer naar de Waddenzee.

VEERHAVEN DEN HELDER ≋
NR025 / P240 / F TACO ANEMA
PROVINCIE   Noord-Holland
LOCATIE   Den Helder
OMSCHRIJVING   De veerverbinding Den Helder-Texel maakt een hoogwaardige infrastructuur ter plaatse noodzakelijk.

BALGZANDKANAAL, DE KOOG ≍
NR026
PROVINCIE   Noord-Holland
LOCATIE   De Koog (Den Helder)
OMSCHRIJVING   Het Balgzandkanaal is bedoeld als afvoerkanaal waarmee de afwatering van de Kop van Noord-Holland nog tijdens de bouw van de Afsluitdijk werd zekergesteld.

VAN EWIJCKSLUIS ⏁
NR027
PROVINCIE   Noord-Holland
LOCATIE   Amsteldijk/Amstelmeer
OMSCHRIJVING   Deze sluis is, ten tijde van de aanleg van de Afsluitdijk, samen met het Balgzandkanaal gebouwd om de wateroverlast in de Kop van Noord-Holland tegen te gaan.

DIJKGATEN WIERINGERDIJK ⊿
NR028
PROVINCIE   Noord-Holland
LOCATIE   Ringdijk Wieringermeer
OMSCHRIJVING   De dijk is opgeblazen in 1945 door de Duitsers, en 'buitenom' gerepareerd.

SLUIS LEMMER ⏁ ≍
NR029 / P031 / F DANIËL KONING
PROVINCIE   Friesland
LOCATIE   Lemmer
OMSCHRIJVING   Het Wouda Gemaal te Lemmer is het laatste grote stoomgemaal van Nederland; inmiddels gerenoveerd. Door aanpassingen in de tijd zijn meerdere sluizen aanwezig.

BRUG TJEUKEMEER ⊠
NR030 / P128 / F TINEKE DIJKSTRA
PROVINCIE   Friesland
LOCATIE   Tjeukemeer, A6
OMSCHRIJVING   Hoge brug in de A6 ten behoeve van de zeilvaart met vaste mast op de vaarroute Noordwest-Overijssel - Friesland.

OUDE ZEEDIJK BLANKENHAM ⊿
NR031 / P050 / F TACO ANEMA
PROVINCIE   Overijssel
LOCATIE   Blankenham (ten noorden van Blokzijl)
OMSCHRIJVING   Aan de ligging van de zeedijk is her en der de scheiding tussen het oude en nieuwe land (Noordoostpolder) nog te zien.

A32, LEEUWARDEN-MEPPEL ⌁
NR032 / P221 / F TINEKE DIJKSTRA
PROVINCIE   Friesland
LOCATIE   Midden-Friesland, noord-zuid
OMSCHRIJVING   De rijksweg Leeuwarden-Meppel is recentelijk grotendeels aangepast tot autosnelweg.

KRUISING WACHTUM ⌁
NR033 / P224 / F TACO ANEMA
PROVINCIE   Drenthe
LOCATIE   Hotsloot, ten zuidwesten van Emmen
OMSCHRIJVING   Een van de weinige locaties waar nog twee tweestrooks rijkswegen (N37 en N34) elkaar kruisen.

VECHT EN KANAAL DE HAANDRIK ≋
NR034 / P190 / F TINEKE DIJKSTRA
PROVINCIE   Overijssel
LOCATIE   Gramsbergen
OMSCHRIJVING   De kruising tussen de Vecht en het kanaal van Almelo naar Coevorden wordt gevormd door kanaal De Haandrik.

AANSLUITING A28/A32, MEPPEL ⌁
NR035
PROVINCIE   Drenthe
LOCATIE   Zuidoost Meppel
OMSCHRIJVING   Meppel is (altijd) een belangrijk vervoersknooppunt (geweest) voor de provincie Drenthe.

GEMAAL ZEDEMUDEN ≍
NR036 / P187 / F SIEBE SWART
PROVINCIE   Overijssel
LOCATIE   Zwartsluis
OMSCHRIJVING   Dit gemaal speelt een cruciale rol in de waterbeheersing van noordwest-Overijssel en zuidwest-Drenthe.

VOGELEILAND ∾
NR037
PROVINCIE   Flevoland
LOCATIE   Oostelijk deel van het Zwarte Meer
OMSCHRIJVING   Dit kunstmatige eiland is ontstaan uit de hier gedumpte baggerspecie uit de vaargeul in de omgeving. Het is nu een belangrijk natuurgebied.

KEERSLUIS KADOELEN ⊿
NR038 / P054 / F TINEKE DIJKSTRA
PROVINCIE   Overijssel
LOCATIE   Kadoelen (ten zuiden van Vollenhove)
OMSCHRIJVING   Deze stormstuw bij Kadoelen beschermt het achterliggende gebied tegen hoge waterstanden uit het Zwarte Meer, de IJsseldelta en het IJsselmeer.

OUD HAVENHOOFD KRAGGENBURG ≋
NR039 / P132 / F TINEKE DIJKSTRA
PROVINCIE   Flevoland
LOCATIE   Kraggenburg in Noordoostpolder
OMSCHRIJVING   Dit havenhoofd is de voormalige havendam van het Zwolse Diep en kwam droog te staan nadat de Noordoostpolder was drooggevallen.

GEMAAL DE VOORST ≍
NR040 / P168 / F DANIËL KONING
PROVINCIE   Flevoland
LOCATIE   Kraggenburg, Noordoostpolder
OMSCHRIJVING   Dit gemaal in de Noordoostpolder verzorgde tot begin jaren '90 o.a. ook de toevoer van water voor het internationaal vermaarde Waterloopkundig Laboratorium.

ROTTERDAMSE HOEK, DIJK NOORD-OOSTPOLDER ⊿
NR041
PROVINCIE   Flevoland
LOCATIE   Noordoostpolder
OMSCHRIJVING   Hier is bij de constructie van de dijk veel puin uit Rotterdam (bombardement 1940) gebruikt.

SLUITGAT CREIL, DIJK NOORD-OOSTPOLDER ✳
NR042
PROVINCIE   Flevoland
LOCATIE   Dijk Noordoostpolder ten noorden van Urk
OMSCHRIJVING   Op deze plek wordt het laatste sluitgat van de dijk gemarkeerd met een gedenksteen.

PROEFPOLDER ANDIJK ✳
NR043 / P037 / F DANIËL KONING
PROVINCIE   Noord-Holland
LOCATIE   West-Friesland bij Andijk
OMSCHRIJVING   Deze polder werd gebruikt om ervaringen op te doen met het verbouwen van landbouwgewassen op een drooggevallen zoute bodem.

MILIEUOEVERS IJSSELMEER ∾
NR044
PROVINCIE   Noord-Holland
LOCATIE   IJsselmeer – noordkust West Friesland, Andijk
OMSCHRIJVING   De kuststrook van West-Friesland is een gebied waar natuurvriendelijke oevers op grote schaal zijn aangelegd.

GEMAAL LELY ≍
NR045 / P034 / F SIEBE SWART
PROVINCIE   Noord-Holland
LOCATIE   ten noorden van Medemblik
OMSCHRIJVING   Voor het droogmalen en droog houden van de Wieringermeer wordt gebruik gemaakt van o.a. het gemaal Lely.

ZANDSUPPLETIEWERKEN ⊿
NR046 / P014 / F TINEKE DIJKSTRA
PROVINCIE   Noord-Holland/Zuid-Holland
LOCATIE   Diverse plaatsen voor de kust
OMSCHRIJVING   Door de voortdurende zandafslag zijn regelmatig zandsuppleties langs de kust nodig, het zogenaamd 'verzolen' van de kust. Dergelijke werken vinden op gezette tijden overal plaats.

VLOTBRUG NOORD-HOLLANDS KANAAL ⊠
NR047 / P127 / F TACO ANEMA
PROVINCIE   Noord-Holland
LOCATIE   Stolpen
OMSCHRIJVING   Het kruisende landverkeer wordt over een drijvende, beweegbare brug over het kanaal geleid.

HONDSBOSSE ZEEWERING ⊿
NR048
PROVINCIE   Noord-Holland
LOCATIE   tussen Camperduin en Petten
OMSCHRIJVING   Deze locatie toont het verschijnsel van kusterosie, waardoor de natuurlijke en kunstmatige zeewering niet meer stroken.

SLUIS ENKHUIZEN ⚓

NR049
PROVINCIE Noord-Holland
LOCATIE Enkhuizen, dijk naar Lelystad
OMSCHRIJVING De sluis bij Enkhuizen is in het recreatie-seizoen de drukste sluis van Nederland.

DIJK ENKHUIZEN-LELYSTAD ⊿

NR050 / P184 / F KAREL TOMEÏ
PROVINCIE Flevoland
LOCATIE Dijk Enkhuizen-Lelystad, ca. 10 km
OMSCHRIJVING De dijk Enkhuizen-Lelystad is oorspronkelijk bedoeld als onderdeel van de ringdijk van de toekomstige Markerwaard.

FLEVOCENTRALE BIJ IJSSELMEER ✳

NR051 / P192 / F KAREL TOMEÏ
PROVINCIE Flevoland
LOCATIE Lelystad, tegen de dijk
OMSCHRIJVING Alle grote centrales in Nederland liggen aan grote wateren vanwege de beschikbaarheid van koelwater en aanvoermogelijkheden van grondstoffen.

DIJK NOORDOOSTPOLDER BIJ URK ⊿

NR052 / P222 / F TACO ANEMA
PROVINCIE Flevoland
LOCATIE Urk-haven
OMSCHRIJVING Bij het ontwerp van de ligging van de dijk werd nog speciaal rekening gehouden met de (zeilende) beroepsvaart.

BRUG ZWOLSE HOEK ⋈

NR053 / P133 / F DANIËL KONING
PROVINCIE Flevoland
LOCATIE Zwolse Hoek, Flevoland - Noordoostpolder
OMSCHRIJVING De A6, gelegen tussen Flevoland en de Noordoostpolder, wordt met een lange (rijks)brug hier over het water geleid.

SCHOKKERHAVEN ≋

NR054
PROVINCIE Flevoland
LOCATIE Schokkerhaven
OMSCHRIJVING Ten zuiden van Schokland ligt een haven die gebruikt werd bij de aanleg van de dijk van de polder. Nu is het een tijdelijke vluchthaven voor zwaar weer en een privé jachthaven met huizen.

TIJDELIJK SLIBDEPOT KETELMEER ⋈

NR055 / P143 / F KAREL TOMEÏ
PROVINCIE Overijssel/Flevoland
LOCATIE Ketelmeer
OMSCHRIJVING In het Ketelmeer is een groot dumpdepot voor vervuild slib aangelegd, zodat de bodem in de IJsseldelta gesaneerd kan worden.

STREKDAM RAMSPOL ≋

NR056
PROVINCIE Flevoland
LOCATIE Langs zuidelijke dijk Noordoostpolder
OMSCHRIJVING Deze strekdam is aangelegd om de veiligheid en de bevaarbaarheid voor de scheepvaart te bevorderen.

BRUG RAMSPOL ⋈

NR057 / P066 / F SIEBE SWART
PROVINCIE Overijssel/Flevoland
LOCATIE Brug bij Ramspol
OMSCHRIJVING Deze basculebrug in de N50 vormt de verbinding tussen de Noordoostpolder en de IJsseldelta.

IJSSELMONDING, KETELDIEP ≋

NR058
PROVINCIE Overijssel/Flevoland
LOCATIE Keteldiep/Kattendiep
OMSCHRIJVING Een belangrijke waterbouwkundige ingreep uit de vorige eeuw ligt hier bij de IJsselmonding in de voormalige Zuiderzee.

ROGGEBOTSLUIS / OUDE KAMPENER ZEEDIJK ⚓

NR059
PROVINCIE Flevoland
LOCATIE Ten westen van Kampen, randmeer
OMSCHRIJVING Daar waar de weg van Dronten naar Kampen het randmeer kruist ligt de Roggebotsluis. Vlakbij ligt nog de vroegere zeedijk.

IJSSELBRUG KAMPEN ⋈

NR060
PROVINCIE Overijssel
LOCATIE tussen stad Kampen en NS-station
OMSCHRIJVING Deze brug was destijds met de bruggen in Maastricht en Roermond de eerste vaste verkeersbrug over de grote rivieren.

IJSSELBRUGGEN ZWOLLE ⋈

NR061 / P110 / F TINEKE DIJKSTRA
PROVINCIE Overijssel
LOCATIE IJssel ten westen van Zwolle
Hier liggen drie verschillende typen bruggen over de IJssel: een spoorbrug, een boogbrug en een betonnen brug in de A.

PASSANTENHAVEN HATTEM ≋

NR062 / P088 / F DANIËL KONING
PROVINCIE Gelderland
LOCATIE Hattem
OMSCHRIJVING Deze haven biedt overnachtingsmogelijkheden voor de recreatievaart op de Gelderse IJssel.

VISTRAPPEN IN DE VECHT ⋈

NR063 / P140 / F KAREL TOMEÏ
PROVINCIE Overijssel
LOCATIE Stuwen Vecht; ten westen van Dalfsen, Junne, Mariënberg
OMSCHRIJVING Het aanleggen van vistrappen valt binnen het kader van het ecologisch herstel van de grote rivieren.

HAVEN ALMELO ≋

NR064
PROVINCIE Overijssel
LOCATIE Almelo
OMSCHRIJVING Enkele jaren geleden is een containerhaven in Almelo aangelegd.

VIADUCT BOERSKOTTEN ⋈

NR065 / P227 / F TACO ANEMA
PROVINCIE Overijssel
LOCATIE De Lutte (Twente)
OMSCHRIJVING Door de kruisingshoek van slechts 15° van dit viaduct met de A1 zijn destijds speciale eisen gesteld aan de constructie.

SLUIS HENGELO, TWENTEKANAAL ⚓

NR066
PROVINCIE Overijssel
LOCATIE Hengelo (Overijssel)
OMSCHRIJVING De sluizen in het Twentekanaal overbruggen een voor Nederlandse begrippen vrij groot waterstandsverschil (tot 9 meter).

VIADUCT RONDWEG DELDEN ⋈

NR067 / P120 / F SIEBE SWART
PROVINCIE Overijssel
LOCATIE Delden rondweg bij Watertoren
OMSCHRIJVING Door het gebruik van trekbanden onder het wegdek kon het viaduct ongewoon slank blijven.

BRUGGEN TWENTEKANAAL ⋈

NR068 / P092 / F SIEBE SWART
PROVINCIE Overijssel
LOCATIE Twentekanaal, nabij Goor
OMSCHRIJVING Deze brug over het Twentekanaal is een van de eerste betonnen boogbruggen in Nederland.

KRUISING TWENTEKANAAL MET SCHIPBEEK ≋

NR069 / P119 / F SIEBE SWART
PROVINCIE Gelderland
LOCATIE Twentekanaal tussen Lochem en Diepenheim
OMSCHRIJVING De afwatering van de Achterhoek en een deel van Twente gaat onder meer via de Schipbeek. Deze waterloop kruist het Twentekanaal.

INGRAVING A1, MARKELO ⋈

NR070 / P116 / F TACO ANEMA
PROVINCIE Overijssel
LOCATIE Markelo
OMSCHRIJVING Bij de aanleg van de A1 moest destijds het tracé aangepast worden om een bos jeneverbesbomen te sparen.

SLUIS EEFDE ⚓

NR071 / P173 / F DANIËL KONING
PROVINCIE Gelderland
LOCATIE Eefde, Twentekanaal
OMSCHRIJVING De sluis bij Eefde is de meest westelijke sluis in het Twentekanaal.

UITERWAARDEN AAN DE BOMENDIJK, IJSSEL ⊿

NR072 / P036 / F TINEKE DIJKSTRA
PROVINCIE Gelderland
LOCATIE Westelijke oever van de IJssel, tussen Zutphen en Deventer
OMSCHRIJVING De bomendijk bij Voorst ligt in een natuurgebied en is een van de vele dijken die nog verzwaard moet worden.

VERKEERSBRUG N34, DEVENTER ⋈

NR073

PROVINCIE Overijssel

LOCATIE Deventer

OMSCHRIJVING De bruggen over de IJssel maakten deel uit van de IJssellinie en waren uitgerust met speciale voorzieningen.

VIADUCT A50, HEERDE ⋈

NR074 / P221 / F TINEKE DIJKSTRA

PROVINCIE Gelderland

LOCATIE Heerde A50

OMSCHRIJVING Doordat de weg dit viaduct onder een scherpe hoek kruist is het viaduct van nogal forse omvang. De doorrijhoogte lijkt daardoor kleiner, wat regelmatig schrikreacties oplevert.

HARDERSLUIS ⏚

NR075

PROVINCIE Gelderland/Flevoland

LOCATIE N302, sluis Harderwijk

OMSCHRIJVING Deze sluis scheidt twee randmeren: het Veluwemeer en het Wolderwijd.

KNARDIJK ⏛

NR076 / P042 / F TACO ANEMA

PROVINCIE Flevoland

LOCATIE Knardijk (Flevoland)

OMSCHRIJVING Deze dijk van Harderwijk naar Lelystad was ooit de langste klinkerweg van Nederland en vormt nu de scheiding tussen Oost- en Zuid-Flevoland.

GEMAAL (EN BOOM), OUD-LELYSTAD ∿

NR077

PROVINCIE Flevoland

LOCATIE Oud-Lelystad/haven

OMSCHRIJVING De oudste boom van de polder Flevoland is een vergeten piketpaal die wortel geschoten heeft.

DE OOSTVAARDERSPLASSEN ∿

NR078 / P056 / F KAREL TOMEÏ

PROVINCIE Flevoland

LOCATIE Flevoland, langs het Oostvaardersdiep

OMSCHRIJVING Dit 6000 ha grote natuurgebied heeft internationale bekendheid.

SLUIZEN IJMUIDEN ⏚

NR079 / P208 / F SIEBE SWART

PROVINCIE Noord-Holland

LOCATIE IJmuiden/Hoogovens, in het Noordzeekanaal

OMSCHRIJVING Door de afmetingen is dit een van de meest imposante sluiscomplexen. Het complex is voortdurend aangepast en uitgebreid.

WIJKERTUNNEL ONDER NOORDZEEKANAAL ⋈

NR080 / P225 / F TINEKE DIJKSTRA

PROVINCIE Noord-Holland

LOCATIE ten oosten van Velsen

OMSCHRIJVING Moderne tunnel in de A9, met afstandsbediening en een actief verkeerreguleringsstelsel.

GEMAAL CRUQUIUS ≋

NR081 / P167 / F SIEBE SWART

PROVINCIE Noord-Holland

LOCATIE Ten oosten van Heemstede

OMSCHRIJVING Bij de drooglegging van de Haarlemmermeer is gebruik gemaakt van grote stoomgemalen. De bekendste daarvan is de Cruquius, waar nu een museum is gevestigd.

SCHIPHOL ✳

NR082 / P104 / F TACO ANEMA

PROVINCIE Noord-Holland

LOCATIE Haarlemmermeer, Schipholtunnel A4

OMSCHRIJVING De A4 kruist in de Haarlemmermeer enkele luchtvaartvoorzieningen, waardoor een verdiepte ligging noodzakelijk was.

ORANJESLUIZEN, AMSTERDAM ⏚

NR083

PROVINCIE Noord-Holland

LOCATIE Schellingwoude, Amsterdam

OMSCHRIJVING De Oranjesluizen dienen als scheiding tussen het peil van het Amsterdamse havenbekken en het hogere peil van het Markermeer.

ZEEBURGERTUNNEL A10 ⋈

NR084

PROVINCIE Noord-Holland

LOCATIE Oostelijke flank van ring Amsterdam

OMSCHRIJVING Door de Zeeburgertunnel, gelegen in de ring van autosnelwegen rond Amsterdam, kan het snelverkeer het Buiten-IJ kruisen.

KEERSLUIS ZEEBURG ⏛

NR085 / P176 / F DANIËL KONING

PROVINCIE Noord-Holland

LOCATIE Zeeburg, Amsterdam, Amsterdam-Rijnkanaal

OMSCHRIJVING De keersluis bij Zeeburg is een hulpmiddel om in geval van nood te voorkomen dat het Amsterdamse havenbekken in Middenwest-Nederland leegstroomt.

WISSELSTROOK A1/A6 ⌁

NR086 / P200 / F DANIËL KONING

PROVINCIE Noord-Holland

LOCATIE A1/A6, bij Muiderberg

OMSCHRIJVING Deze wisselstrook met omklapvoorziening is bedoeld om piekbelastingen van het verkeersaanbod op te vangen.

STICHTSE BRUG ⋈

NR087 / P078 / F TACO ANEMA/KAREL TOMEÏ

PROVINCIE Flevoland

LOCATIE tussen Flevoland en Eemnes

OMSCHRIJVING De toename van het verkeer op de A27 heeft de aanleg van een tweede brug noodzakelijk gemaakt. Deze brug is gemaakt van Hoge Sterkte Beton.

INGRAVING ASSEL ⌁

NR088

PROVINCIE Gelderland

LOCATIE Assel, ten westen van Apeldoorn

OMSCHRIJVING Bij de ingraving hier in de jaren '70 werd voor het eerst een nieuwe werkmethode uitgevoerd die later met veel succes ook elders kon worden toegepast.

WILDVIADUCT WOESTE HOEVE ∿

NR089 / P223 / F KAREL TOMEÏ

PROVINCIE Gelderland

LOCATIE Woeste Hoeve

Tussen Arnhem en Apeldoorn zijn wildviaducten aangelegd om een natuurlijke verbinding te maken tussen de grote natuurgebieden aan weerszijden van de weg.

VERKEERSPLEIN HOEVELAKEN ⌁

NR090

PROVINCIE Gelderland

LOCATIE Hoevelaken

OMSCHRIJVING Een van de eerste grote verkeerspleinen uit het autosnelwegennet is gelegen bij Hoevelaken.

AQUADUCT A4 ⋈

NR091 / P201 / F KAREL TOMEÏ

PROVINCIE Zuid-Holland

LOCATIE A4/Ringvaart

OMSCHRIJVING De bijzondere kleurtoepassing in de vorm van een dambord dient ter voorkoming van mogelijke schrikreacties bij chauffeurs.

BRUG BREUKELEN ⋈

NR092

PROVINCIE Utrecht

LOCATIE Breukelen

OMSCHRIJVING Deze brug is viermaal gebouwd. Eerdere overspanningen werden elders in het land ingezet vanwege de hogere urgentie.

OEVERVERDEDIGING AMSTERDAM-RIJNKANAAL ≋

NR093

PROVINCIE Utrecht

LOCATIE Maarssen en Zuilen (Utrecht)

OMSCHRIJVING Het gebruik van stalen damwanden als oeververdediging kan tot hogere golven leiden. Daarmee is met de hoogte van de damwand rekening gehouden.

TUNNELBAK AMELISWEERD A27 ⋈

NR094 / P074 / F DANIËL KONING

PROVINCIE Utrecht

LOCATIE Amelisweerd, tussen Utrecht en Bunnik

OMSCHRIJVING De tunnelbak in de A27 is aangelegd door het landgoed Amelisweerd ten oosten van Utrecht.

LUIFEL ZEIST ∿

NR095 / P100 / F TACO ANEMA

PROVINCIE Utrecht

LOCATIE Zeist

OMSCHRIJVING De technisch meest ingrijpende geluidswerende constructie ligt langs de A27 bij Zeist.

UITBREIDING A12, BUNNIK ⚲

NR096
PROVINCIE Utrecht
LOCATIE Bunnik-Driebergen
OMSCHRIJVING De constructie van het wegdek verschilt sterk met de traditionele betonwegen.

STUW DRIEL, NEDERRIJN ⬳

NR097 / P136 / F TACO ANEMA
PROVINCIE Gelderland
LOCATIE Nederrijn ten westen van Arnhem
OMSCHRIJVING Van de drie stuwen in de Nederrijn is die bij Driel de belangrijkste voor de nationale waterhuishouding.

RHEDERLAAG ✳

NR098 / P181 / F KAREL TOMEÏ
PROVINCIE Gelderland
LOCATIE Giesbeek ten zuidoosten van Arnhem, IJssel
Dit plassengebied is ontstaan uit de bochtafsnijdingen in de IJssel en de zandaanwinningen ter plaatse.

GRENSOVERGANG BERGH, A12 ⚲

NR099
PROVINCIE Gelderland
LOCATIE Bergh
OMSCHRIJVING De A12 kruist hier de Nederlands-Duitse grens en staat bekend onder de naam "Hazenpad".

BOULEVARD TOLKAMER ≋

NR100 / P094 / F DANIËL KONING
PROVINCIE Gelderland
LOCATIE Tolkamer, Gemeente Rijnwaarden
OMSCHRIJVING Tot de jaren '60 werd de kade van Tolkamer gebruikt door schepen op de internationale Rijn die hier moesten in- en uitklaren.

OVERLAAT PANNERDEN ≅

NR101 / P154 / F SIEBE SWART
PROVINCIE Gelderland
LOCATIE Pannerden
OMSCHRIJVING De 'groene rivier' bij Pannerden is een overlaat die de afvoer van hoog water op de Rijn verzorgt. De nabijgelegen brug was destijds de eerste voorgespannen betonbrug in Nederland.

SPLITSINGSDAM WAAL/PANNERDENS KANAAL ⬿

NR102
PROVINCIE Gelderland
LOCATIE Doornenburg
OMSCHRIJVING Deze in de 18e eeuw aangelegde dam houdt de afvoerverdeling over de Rijntakken bij Pannerden en Westervoort onder controle en daarmee de nationale waterhuishouding. In dat verband wordt ook wel gesproken van de hoofdkraan van Nederland.

VERKEERSBRUG WAAL ⤬

NR103 / P211 / F TINEKE DIJKSTRA
PROVINCIE Gelderland
LOCATIE Nijmegen, Waal
OMSCHRIJVING Deze in de jaren '30 gebouwde brug is aan de onderzijde van het brugdek voorzien van een radarscanner om informatie over het scheepvaartverkeer aan de verderop gelegen verkeerspost te leveren.

DEFENSIEDIJK ARNHEM-NIJMEGEN ✳

NR104
PROVINCIE Gelderland
LOCATIE Langs de A325, Arnhem-Nijmegen
OMSCHRIJVING De spoorlijn hier is deels gelegen op de restanten van een oude defensiedijk die gedurende de periode van de Koude Oorlog nog een functie had.

BRUG TE EWIJK MET ZANDPLAAT ⤬ ∾

NR105 / P089 / F TINEKE DIJKSTRA
PROVINCIE Gelderland
LOCATIE In de A50 tussen Ewijk en Valburg
OMSCHRIJVING Een van de weinige tuibruggen in Nederland. De zandplaat aldaar is een voorbeeld voor mogelijkheden van ecologische aanpassing van een grote rivier.

BRUG RHENEN ⤬

NR106
PROVINCIE Utrecht/Gelderland
LOCATIE Rhenen, Nederrijn
OMSCHRIJVING Deze verkeersbrug bij Rhenen is gebouwd op de pijlers van de oude spoorburg.

VERKEERSPOST TIEL ≋

NR107
PROVINCIE Gelderland
LOCATIE Tiel
OMSCHRIJVING De verkeerspost is bedoeld om de verkeersveiligheid van de scheepvaart op dit drukke punt te waarborgen. De post is 24 uur per dag bemand.

SLUIS TIEL ⬳

NR108 / P212 / F TACO ANEMA
PROVINCIE Gelderland
LOCATIE Tiel
OMSCHRIJVING De sluis in het Amsterdam-Rijnkanaal en de A vormen een kruising van twee belangrijke transportassen voor water- en wegvervoer.

SIFON LINGE/AMSTERDAM-RIJNKANAAL ≅

NR109 / P052 / F TACO ANEMA
PROVINCIE Gelderland
LOCATIE ten noorden van Tiel
OMSCHRIJVING Bij Tiel kruist de Linge het Amsterdam-Rijnkanaal met een sifon (het omgekeerde van een hevel).

DIJKEN BETUWEPAND AMSTERDAM-RIJNKANAAL ⬿

NR110
PROVINCIE Gelderland
LOCATIE Betuwe
OMSCHRIJVING Door de zachte ondergrond zijn de dijken langs het Betuwepand minder hoog dan de aansluitende rivierdijken.

KERING RAVENSWAAY ⬿

NR111 / P124 / F DANIËL KONING
PROVINCIE Gelderland
LOCATIE Ravenswaay, kruising Lekdijk met Amsterdam-Rijnkanaal (Betuwepand)
OMSCHRIJVING Bij hoogwater op de Lek wordt deze kering in het Amsterdam-Rijnkanaal gesloten.

DE ROODVOET ≋

NR112 / P178 / F TACO ANEMA
PROVINCIE Utrecht/Gelderland
LOCATIE Roodvoet, ten oosten van Wijk bij Duurstede
Door het gereedkomen van deze bochtafsnijding kon de normalisatie van de Nederrijn/Lek pas goed beginnen.

STUW MAURIK ⬳

NR113 / P118 / F SIEBE SWART
PROVINCIE Gelderland/Utrecht
LOCATIE Maurik/Amerongen
OMSCHRIJVING De stuw in de Nederrijn bij Amerongen/Maurik is een van de drie stuwen in de Rijnkanalisatie.

SPOORBRUG CULEMBORG ⤬

NR114 / P087 / F KAREL TOMEÏ
PROVINCIE Gelderland/Utrecht
LOCATIE Culemborg
OMSCHRIJVING De oude brug was bij de oplevering de grootste overspanning in Europa.

KERING IN DE A2 ⬿

NR115 / P018 / F SIEBE SWART
PROVINCIE Zuid-Holland
LOCATIE Kruising A2 en Diefdijk
OMSCHRIJVING De Diefdijk is de waterscheiding tussen Gelderland en Zuid-Holland. Daar waar de A2 deze dijk kruist is een noodkering met schuiven aangebracht.

OUDE SLUIS VIANEN ⬳

NR116
PROVINCIE Zuid-Holland
LOCATIE Vianen, Merwedekanaal
OMSCHRIJVING Een mooi voorbeeld van een grote sluis uit de 19e eeuw. De restauratie werd afgerond in 1997.

BRUG VIANEN, A2 ⤬

NR117 / P114 / F TINEKE DIJKSTRA
PROVINCIE Utrecht/Zuid-Holland
LOCATIE Vianen/Nieuwegein
OMSCHRIJVING De A2 kent nog vele knelpunten, die, zoals hier bij Vianen, successievelijk worden aangepakt.

BEATRIXSLUIZEN LEKKANAAL ⬳

NR118
PROVINCIE Utrecht
LOCATIE Nieuwegein
OMSCHRIJVING Deze sluis geldt als het enige obstakel in de doorgaande scheepvaartroute tussen Rotterdam en Amsterdam. Een miniatuurversie van het complex ligt in Madurodam.

PLOFSLUIS JUTPHAAS ✳

NR119 / **P**117 / **F** TACO ANEMA
PROVINCIE Utrecht
LOCATIE splitsing van Lekkanaal en Amsterdam-Rijnkanaal ter hoogte van Jutphaas
OMSCHRIJVING Deze noodkering kon worden gebruikt voor het afsluiten van het Amsterdam-Rijnkanaal.

KRUISING MERWEDEKANAAL/AMSTERDAM-RIJNKANAAL ≋

NR120
PROVINCIE Utrecht
LOCATIE ten zuiden van de stad Utrecht
OMSCHRIJVING Het oude Merwedekanaal kruist het Amsterdam-Rijnkanaal ten zuiden van de stad Utrecht. De sluizen aan weerszijden van de kruising beheersen het waterpeil van de kanalen.

VERKEERSPLEIN OUDENRIJN ⌁

NR121 / **P**250 / **F** TINEKE DIJKSTRA
PROVINCIE Utrecht
LOCATIE Oudenrijn, ten zuidwesten van Utrecht
OMSCHRIJVING Dit recentelijk uitgebreide en aangepaste verkeersplein herbergt de meest recente ontwikkelingen in de voorzieningen langs de autosnelwegen.

GELUIDSWALLEN A2/A12 ⋇

NR122 / **P**251 / **F** KAREL TOMEÏ
PROVINCIE Utrecht
LOCATIE A2 Nieuwegein, A12 Bunnik/Meern
OMSCHRIJVING De ontwikkeling van geluidswallen gedurende de laatste jaren is veelzijdig.

HEFBRUG BOSKOOP ⌖

NR123 / **P**082 / **F** DANIËL KONING
PROVINCIE Zuid-Holland
LOCATIE Gouwe, o.a. Boskoop en Alphen aan den Rijn
OMSCHRIJVING De markante hefbruggen zijn destijds om een aantal praktische redenen noodzakelijk geweest.

AQUADUCT GOUDA, A12 ⌖

NR124
PROVINCIE Zuid-Holland
LOCATIE Gouda A12
OMSCHRIJVING Dit aquaduct was de eerste ondertunneling waar een speciale hittebestendige coating is aangebracht in het tunneldeel, zodat omleidingsroutes voor het vervoer van gevaarlijke stoffen over land niet nodig waren.

JULIANASLUIS GOUDA ⋔

NR125
PROVINCIE Zuid-Holland
LOCATIE Gouda, tussen Hollandse IJssel en Gouwe
OMSCHRIJVING Deze sluis vormt de scheiding tussen de Hollandse IJssel en de Gouwe.

INTERLINER STROOK A12, ZOETERMEER ⌁

NR126 / **P**225 / **F** TINEKE DIJKSTRA
PROVINCIE Zuid-Holland
LOCATIE Zoetermeer A12
OMSCHRIJVING Snelbusdiensten maken veelvuldig gebruik van de autosnelweg. Op sommige plaatsen leidt dit tot de aanleg van speciale busbanen.

PRINS CLAUSPLEIN ⌁

NR127 / **P**076 / **F** SIEBE SWART
PROVINCIE Zuid-Holland
LOCATIE Voorburg, A4/A12
OMSCHRIJVING Het verkeersplein bij Voorburg bestaat uit vier etages.

AARDEBAAN DOORGETROKKEN RIJKSWEG A4 DOOR DELFLAND ⌁

NR128 / **P**099 / **F** DANIËL KONING
PROVINCIE Zuid-Holland
LOCATIE tussen Schipluiden en Vlaardingen
OMSCHRIJVING Dit tracé maakt onderdeel uit van plannen om de verkeersafwikkeling tussen Den Haag en Rotterdam te verbeteren.

HOLLANDSE IJSSEL ⋇

NR129 / **P**168 / **F** DANIËL KONING
PROVINCIE Zuid-Holland
LOCATIE Moordrecht en omgeving
OMSCHRIJVING De Hollandse IJssel is de meest vervuilde (rijks)rivier van Nederland. Een saneringsbaggerwerk is inmiddels in gang gezet.

GRIENDEN A2, MEERKERK ⋇

NR130 / **P**030 / **F** KAREL TOMEÏ
PROVINCIE Zuid-Holland
LOCATIE A2 - Meerkerk
OMSCHRIJVING Deze grienden zijn geplant als productiebos voor rijshout, nodig bij de aanleg van de Afsluitdijk.

DIEFDIJK LINGE/ASPEREN ⋇

NR131
PROVINCIE Zuid-Holland
LOCATIE Op de grens tussen Gelderland en Zuid-Holland
OMSCHRIJVING De Diefdijk is al eeuwenlang de bestuurlijke en waterhuishoudkundige grens tussen (Zuid)Holland en Gelderland.

HEEREWAARDENSE AFSLUITDIJK ⋇

NR132 / **P**172 / **F** KAREL TOMEÏ
PROVINCIE Gelderland
LOCATIE Heerewaarden, Bato's erf
OMSCHRIJVING De afsluiting van de Heerewaardense Overlaat vormde de aanloop naar een volledige scheiding van Maas en Waal.

VISTRAP STUW LITH IN DE MAAS ⋇

NR133
PROVINCIE Gelderland
LOCATIE Stuw Lith (Gelderse kant)
OMSCHRIJVING De vistrap langs de stuw bij Lith biedt trekvis de mogelijkheid dit obstakel zonder problemen te passeren.

WATERKRACHTCENTRALE MET STUW, LITH ✳

NR134
PROVINCIE Noord-Brabant/Gelderland
LOCATIE Lith
OMSCHRIJVING Ten noorden van de stuw in de Maas bij Lith is in de jaren '90 een waterkrachtcentrale gebouwd.

STUW EN BRUG, GRAVE ⋔

NR135 / **P**080 / **F** TINEKE DIJKSTRA
PROVINCIE Noord-Brabant/Gelderland
LOCATIE Grave
OMSCHRIJVING Bij de kanalisatie van de Maas zijn diverse stuwen aangelegd. De stuw bij Grave is gecombineerd met een brug voor het wegverkeer.

HAVEN NIJMEGEN, MAAS-WAALKANAAL ≋

NR136
PROVINCIE Gelderland
LOCATIE Weurt, ten westen van Nijmegen
OMSCHRIJVING Waar vroeger alleen op het sluizencomplex zelf de scheepvaart werd geregeld, wordt nu op afstand het verkeer in het gehele gebied van de haven en kruising geregisseerd vanuit de verkeerspost Weurt.

BOCHTAFSNIJDING BOXMEER ≋

NR137
PROVINCIE Limburg
LOCATIE Boxmeer
OMSCHRIJVING De vrijgekomen hoeveelheden zand en klei uit de bochtafsnijdingen van de Maas zijn gebruikt voor de aanleg van de aardebaan voor de A37/A77.

A73, NIEUWE GEDEELTE PEELROUTE ⋇

NR138
PROVINCIE Limburg/Noord-Brabant
LOCATIE tussen Cuijck en Venlo
OMSCHRIJVING De aanleg van dit deel maakt deel uit van de noord-zuidroute Nijmegen-Maastricht. Het gebied kent vele wild-onderdoorgangen en goede afrasteringen.

A50/N50, OSS-ROSMALEN ⋇

NR139
PROVINCIE Noord-Brabant
LOCATIE Oss-Rosmalen
OMSCHRIJVING Bij de aanpassing van de weg tot autosnelweg zal met name aan de landschappelijke inpassing aandacht worden besteed.

SLUIS SINT ANDRIES ⋔

NR140 / **P**021 / **F** TINEKE DIJKSTRA
PROVINCIE Gelderland
LOCATIE Sint Andries, ten westen van de Heere-waardense dam
OMSCHRIJVING De sluis bij Sint Andries maakt scheepvaart tussen de Maas en de Waal mogelijk.

BRUGGEN ZALTBOMMEL ⌖

NR141 / **P**086 / **F** KAREL TOMEÏ
PROVINCIE Gelderland
LOCATIE Zaltbommel-Waardenburg
OMSCHRIJVING De spoorbrug hier was een van de eerste bruggen over de grote rivieren.

OVERNACHTINGSHAVEN HAAFTEN ≋

NR142 / P249 / F DANIËL KONING

PROVINCIE Gelderland

LOCATIE Haaften/Kerkewaard

OMSCHRIJVING Deze haven langs een van de drukste scheepvaartroutes is aangelegd om schepen de gelegenheid te geven te overnachten, wat de veiligheid zeer ten goede komt.

SLUIS POEDEROIJEN ⩗

NR143 / P180 / F KAREL TOMEÏ

PROVINCIE Noord-Brabant

LOCATIE Andelse Maas/N322 bij Poederoijen

OMSCHRIJVING Met de aanleg van deze dam (met sluis) was de scheiding van Maas en Waal een feit (1904).

SPUIWERK DALEM ≒

NR144 / P025 / F DANIËL KONING

PROVINCIE Gelderland

LOCATIE Waal bij Dalem, ten oosten van Gorinchem

OMSCHRIJVING Deze oude spuisluis is gebouwd om het inundatiewater te kunnen lozen dat bij een eventuele dijkdoorbraak de Betuwe vanuit de Lek zou zijn ingestroomd.

BRUG GORINCHEM A27 / BOVEN MERWEDE ⌇

NR145

PROVINCIE Zuid-Holland

LOCATIE Ten zuidwesten van Gorinchem

OMSCHRIJVING Deze verkeersbrug in de A27 is de voorloper geweest voor het ontwerp en de bouw van de (eerste) Van Brienenoordbrug.

OTTERSLUIS ⩗

NR146

PROVINCIE Zuid-Holland

LOCATIE tussen Wantij en Nieuwe Merwede

OMSCHRIJVING Deze voor de recreatievaart belangrijke sluis scheidt de vaarroute Dordrecht-Biesbosch van de drukke routes van de beroepsvaart.

TUNNEL ONDER DE NOORD ⌇

NR147 / P246 / F TINEKE DIJKSTRA

PROVINCIE Zuid-Holland

LOCATIE A15, Alblasserdam-Hendrik Ido Ambacht

OMSCHRIJVING In deze verkeerstunnel is een elektronisch telsysteem aangebracht om het aantal weggebruikers nauwkeurig te kunnen bepalen.

KNOOPPUNT RIDDERKERK ⚬

NR148 / P221 / F TINEKE DIJKSTRA

PROVINCIE Zuid-Holland

LOCATIE Ruit Rotterdam, zuidoostelijke hoek

OMSCHRIJVING De noodzaak tot capaciteitsuitbreiding ter plaatse heeft geleid tot de bouw van de hoogste fly-over van Nederland.

VAN BRIENENOORDBRUG ⌇

NR149 / P232 / F TINEKE DIJKSTRA

PROVINCIE Zuid-Holland

LOCATIE ten oosten van Rotterdam, A16

OMSCHRIJVING De eerste brug werd begin jaren '60 geopend. De tweede overspanning daarnaast kwam eind jaren '80 gereed.

STORMVLOEDKERING CAPELLE A/D IJSSEL ⩘

NR150

PROVINCIE Zuid-Holland

LOCATIE Hollandse IJssel, Capelle aan den IJssel

OMSCHRIJVING De bouw van de stormstuw bij Capelle is het eerste grote werk van de Deltawerken geweest.

BENELUXTUNNEL ⌇

NR151

PROVINCIE Zuid-Holland

LOCATIE Westelijke flank ruit Rotterdam

OMSCHRIJVING Plannen voor een tweede Beneluxtunnel zijn reeds in de maak, aangezien de capaciteit van de huidige inmiddels te klein is geworden.

STORMVLOEDKERING (MAESLANTKERING) ⩘

NR152 / P010 / F TINEKE DIJKSTRA

PROVINCIE Zuid-Holland

LOCATIE Nieuwe Waterweg tussen Maassluis en Hoek van Holland

OMSCHRIJVING Deze stormvloedkering kent vele innovatieve toepassingen. De kering maakt verdere grootschalige aanpassing van dijken in het achterland overbodig.

CALANDDAM ⩘

NR153

PROVINCIE Zuid-Holland

LOCATIE tussen Europoort en de Maasvlakte

OMSCHRIJVING De Calanddam is met name van belang als scheiding tussen de Nieuwe Waterweg en het Calandkanaal.

BAGGERDEPOT SLUFTER ⌇⌇

NR154 / P162 / F DANIËL KONING

PROVINCIE Zuid-Holland

LOCATIE Maasvlakte

OMSCHRIJVING Het is een depot waar vervuilde baggerspecie uit de Rotterdamse haven en omgeving veilig kan worden opgeslagen.

WINDSCHERM SLUIS ROZENBURG ⩗

NR155 / P256 / F SIEBE SWART

PROVINCIE Zuid-Holland

LOCATIE tussen Calandkanaal en Hartelkanaal

OMSCHRIJVING Hooggebouwde schepen ondervinden veel hinder bij het langzaam invaren in de sluis. Daarom is een grote windvang gebouwd tegen de sterke dwarswinden.

HARTELKERING ⩘

NR156 / P048 / F TINEKE DIJKSTRA

PROVINCIE Zuid-Holland

LOCATIE Hartelkanaal vlakbij de aantakking aan de Oude Maas

OMSCHRIJVING De kering vormt één geheel met de grote stormvloedkering in de Nieuwe Waterweg met een verbindingsdam als hoogwaterkering daartussen.

GEBOORDE TUNNEL HEINENOORD ⌇

NR157 / P244 / F TINEKE DIJKSTRA

PROVINCIE Zuid-Holland

LOCATIE Oude Maas, Heinenoord

OMSCHRIJVING Het ondergronds boren van de (kleine verkeers)tunnel onder de Oude Maas is het eerste (proef)project van deze aard in Nederland.

GEMAAL EN SLUIS BIJ WAALWIJK, BERGSE MAAS ≒ ⩗

NR158 / P164 / F SIEBE SWART

PROVINCIE Noord-Brabant

LOCATIE De gebieden van de oude Baardwijkse Overlaat tussen "de zeedijk" en de Waalwijkse haven

OMSCHRIJVING Het werk is een onderdeel van de Maasverbeteringswerken in het kader van de scheiding van Maas en Waal rond de eeuwwisseling 19/20e eeuw.

AANPASSING DOMMEL BIJ DE A2 ≋

NR159

PROVINCIE Noord-Brabant

LOCATIE ten noord-oosten van Vught

OMSCHRIJVING De Dommel moest halverwege de jaren '90 worden verlegd omdat de A2 werd opgewaardeerd tot moderne autosnelweg.

DASSENTUNNELS A73 ⌇⌇

NR160 / P202 / F DANIËL KONING

PROVINCIE Limburg/Noord Brabant

LOCATIE A73 tussen Nijmegen en Venlo op diverse plaatsen

OMSCHRIJVING De A73 doorsnijdt een aantal gebieden waar de das zich ophoudt. Gekozen is voor een oplossing met tunnels en rasters.

MAASBRUG VENLO/TEGELEN ⌇

NR161 / P109 / F TACO ANEMA

PROVINCIE Limburg

LOCATIE ten zuiden van Venlo, Tegelen

OMSCHRIJVING Via deze brug verwisselt de A73, tussen Nijmegen en (straks) Maastricht, van rivieroever.

OMLEGGING ZUID-WILLEMSVAART ≋

NR162 / P169 / F KAREL TOMEÏ

PROVINCIE Noord-Brabant

LOCATIE ten oosten van Helmond

De omlegging is onderdeel van het langjarige moderniseringsprogramma van het oude kanaal (begin 19e eeuw) en in het belang van de stedelijke ontwikkeling van Helmond.

A2 DEN BOSCH-BEST-EINDHOVEN ⌗

NR163
PROVINCIE Noord-Brabant
LOCATIE Ten noorden van Eindhoven
OMSCHRIJVING Met de aanpassing van de doorgaande weg tot autosnelweg zijn enkele bijzondere wegvakgedeeltes aangebracht.

MOERDIJKBRUG ⌗

NR164 / P236 / F DANIËL KONING
PROVINCIE Noord-Brabant
LOCATIE Moerdijk
OMSCHRIJVING Deze verkeersbruggen over het Hollands Diep zijn na 1945 voorzien van nieuwe overspanningen. Halverwege de jaren '70 is de huidige brug aangebracht, waarbij de oude overspanningen elders zijn ingezet.

VOLKERAKSLUIZEN EN VOLKERAKDAM ⌗

NR165
PROVINCIE Zuid-Holland
LOCATIE Volkerak, tussen Hellegatsplein en Willemstad
OMSCHRIJVING De Volkeraksluizen zijn qua aantallen vrachtschepen en tonnage de drukste sluizen van Nederland.

HELLEGATSPLEIN ⌗

NR166 / P148 / F KAREL TOMEÏ
PROVINCIE Zuid-Holland
LOCATIE tussen Hoekse Waard en Overflakkee, in het Haringvliet
OMSCHRIJVING Het plein van autosnelwegen ligt op een kunstmatig eiland als onderdeel van een secundaire dam in de Deltawerken.

HARINGVLIETSLUIZEN ⌗

NR167 / P228 / F TACO ANEMA
PROVINCIE Zuid-Holland
LOCATIE Haringvliet, westzijde
OMSCHRIJVING De Haringvlietsluizen zijn het onderdeel van de Deltawerken geweest dat het langst in uitvoering is geweest.

FLAAUWE WERK ⌗

NR168 / P016 / F KAREL TOMEÏ
PROVINCIE Zuid-Holland
LOCATIE Kop van Goeree
OMSCHRIJVING Deze hoogwaterkering langs de noordwestelijke kop van Goeree dankt zijn naam aan de flauwe helling van de dijk aan zeezijde.

BROUWERSDAM ⌗

NR169 / P186 / F TINEKE DIJKSTRA
PROVINCIE Zeeland
LOCATIE tussen Goeree en Schouwen in de Grevelingen
OMSCHRIJVING De dam wordt veel gebruikt voor allerlei vormen van recreatie. In de dam zit een voorziening om het meer zout te kunnen houden.

EX-BOUWDOK ZONNEMAIRE ✳

NR170
PROVINCIE Zeeland
LOCATIE Schouwen-Duiveland, Zonnemaire
OMSCHRIJVING Het bouwdok, gemaakt voor het bouwen van de caissons van de Brouwersdam, is nu een recreatieve haven.

CAISSONS OUWERKERK ✳

NR171 / P060 / F SIEBE SWART
PROVINCIE Zeeland
LOCATIE Duiveland, Ouwerkerk
OMSCHRIJVING De laatste sluiting van de dijken in het rampjaar 1953 vond plaats bij Ouwerkerk. De schots en scheef liggende caissons zijn een bewijs van de moeilijke en hachelijke sluiting.

GREVELINGENDAM ⌗

NR172
PROVINCIE Zeeland
LOCATIE tussen Overflakkee en Duiveland
OMSCHRIJVING De Grevelingendam is een van de secundaire dammen in de Deltawerken. Destijds de eerste afsluiting met een kabelbaan.

KRAMMERSLUIZEN ⌗

NR173
PROVINCIE Zeeland
LOCATIE Krammer, ten noorden van St. Philipsland
OMSCHRIJVING Het complex heeft een zeer geavanceerd beheersingssysteem tegen zoutindringing. De Krammersluizen zijn onderdeel van de compartimenteringswerken van het Oosterscheldebekken.

STEUNPUNT DIENSTKRING AUTOSNELWEGEN, BREDA ✳

NR174 / P226 / F DANIËL KONING
PROVINCIE Noord-Brabant
LOCATIE steunpunt Breda
OMSCHRIJVING Op vele plaatsen langs de autosnelwegen liggen steunpunten van Rijkswaterstaat met voorzieningen van de beherende dienst ter plaatse. Grote hoeveelheden strooizout liggen hier opgeslagen.

ULVENHOUT ⌗

NR175 / P070 / F TACO ANEMA
PROVINCIE Noord-Brabant
LOCATIE ten zuiden van Breda
OMSCHRIJVING Bij de aanleg van de autosnelweg is hier een monumentale boom op een bijzondere wijze gespaard gebleven.

SPOORWEGOVERGANG HAELEN ⌗

NR176 / P248 / F DANIËL KONING
PROVINCIE Limburg
LOCATIE Haelen
OMSCHRIJVING Deze spoorwegovergang in de Napoleonsweg bij Haelen, de N273, is een van de laatste gelijkvloerse overwegen in het huidige rijkswegennet van Nederland.

LATERAAL KANAAL ROERMOND ≋

NR177 / P238 / F KAREL TOMEÏ
PROVINCIE Limburg
LOCATIE het plassengebied bij Roermond
OMSCHRIJVING Het kanaal tussen Buggenum en Maasbracht is aangelegd voor zowel beroepsvaart (tijdwinst) als voor recreatievaart (veiligheid).

GRINDGATEN ROERMOND ✳

NR178 / P062 / F KAREL TOMEÏ
PROVINCIE Limburg
LOCATIE Roermond
OMSCHRIJVING De grindgaten zijn uitgegroeid tot een enorm plassengebied met allerhande recreatievoorzieningen.

SLUIS PANHEEL ⌗

NR179 / P101 / F DANIËL KONING
PROVINCIE Limburg
LOCATIE Panheel, kanaal Wessem-Nederweert, nabij Roermond
OMSCHRIJVING Een speciaal vullings- en ledigingssysteem in de sluis maakt deze oude gerenoveerde sluis bijzonder.

GRENSOVERGANG HAZELDONK ⌗

NR180 / P248 / F DANIËL KONING
PROVINCIE Noord-Brabant
LOCATIE Hazeldonk, ten zuiden van Breda
OMSCHRIJVING Op grensovergangen van rijkswegen ontstonden door de jaren voorzieningen die nodig waren voor allerlei grensformaliteiten. Sinds het Verdrag van Schengen is de locatie aangepast.

BRUG THOLEN ⌗

NR181
PROVINCIE Zeeland
LOCATIE Tholen, N286
OMSCHRIJVING Hier lag destijds over de Eendracht de eerste volledig ingevaren stalen brug. Inmiddels is deze overspanning door een nieuwe brug over het Schelde-Rijnkanaal vervangen. Hij verbindt Tholen met het vasteland.

NOLLENDIJK ⌗

NR182 / P047 / F SIEBE SWART
PROVINCIE Zeeland
LOCATIE Noord-Beveland, ten westen van Colijnsplaat
OMSCHRIJVING Deze hoogwaterkering ligt langs de noordkust van Noord-Beveland. Te zien is dat de dijk ontelbare keren is gerepareerd.

STORMVLOEDKERING OOSTERSCHELDE ⌗

NR183 / P061 / F DANIËL KONING
PROVINCIE Zeeland
LOCATIE Neeltje Jans
OMSCHRIJVING De stormvloedkering in de Oosterschelde is gebouwd in een periode van 10 jaar en betekende in veel opzichten een nieuwe ontwikkeling in de waterbouwkunde. Op het voormalig werkeiland Neeltje Jans zijn diverse toeristische attracties met een educatief karakter ingericht.

SLOEDAM ⊿

NR184 / **P**024 / **F** TACO ANEMA
PROVINCIE Zeeland
LOCATIE tussen Walcheren en Zuid-Beveland onder de spoorlijn, naast de A58
OMSCHRIJVING De aanleg van de spoorlijn tussen Vlissingen en het achterland maakte een dam in het Sloe noodzakelijk.

ZANDKREEKDAM/SLUIS ⊿

NR185 / **P**125 / **F** TINEKE DIJKSTRA
PROVINCIE Zeeland
LOCATIE tussen Noord- en Zuid-Beveland
OMSCHRIJVING De Zandkreekdam verbindt Noord-Beveland met Zuid-Beveland en Walcheren. Een sluis in de dam geeft toegang tot het Veerse Meer.

KANAAL DOOR ZUID-BEVELAND ≋

NR186 / **P**207 / **F** KAREL TOMEÏ
PROVINCIE Zeeland
LOCATIE Zuid-Beveland
OMSCHRIJVING Door de aanleg van een spoorlijn vanuit Vlissingen werd de vaarroute Antwerpen-Rotterdam geblokkeerd. Dit maakte de aanleg van het Kanaal door Zuid-Beveland noodzakelijk.

OESTERDAM ℳ

NR187 / **P**182 / **F** TACO ANEMA
PROVINCIE Zeeland
LOCATIE Het oostelijke bekken van de Oosterschelde tussen Tholen en Zuid- Beveland
OMSCHRIJVING Compartimenteringsdam waarmee het havengebied van Bergen op Zoom en het Schelde-Rijnkanaal worden gescheiden van de getijwerking op de Oosterschelde.

KREEKRAKSLUIZEN ⊿

NR188
PROVINCIE Zeeland
LOCATIE Zuid-Beveland, Schelde-Rijnkanaal
OMSCHRIJVING Het sluizencomplex is voorzien van een speciaal vullingsysteem.

DE VLIETE, A58 ⌁

NR189 / **P**099 / **F** DANIËL KONING
PROVINCIE Zeeland
LOCATIE A58, bij Rilland
OMSCHRIJVING De inpassing van de A58 in het landschap van Zuid-Beveland en Walcheren is een natuurontwikkelingsproject dat nog vele jaren zal duren.

BATHKANAAL ≡

NR190
PROVINCIE Zeeland
LOCATIE Zuid-Beveland, Bath
OMSCHRIJVING Deze (onbevaarbare) waterloop ligt tussen de Oesterdam en de Kreekraksluizen en heeft tot taak de waterkwaliteit in het Zoommeer op peil te houden.

SLUIS TERNEUZEN, LUCHTBELLENSCHERM ℳ

NR191 / **P**144 / **F** TACO ANEMA
PROVINCIE Zeeland
LOCATIE Kanaal Gent-Terneuzen
OMSCHRIJVING Om zoutwaterindringing ter plaatse tegen te gaan wordt hier een luchtbellenscherm toegepast dat gebruik maakt van het verschil in soortelijk gewicht tussen zout en zoet water.

WESTERSCHELDETUNNEL ≋

NR192
PROVINCIE Zeeland
LOCATIE tussen Borssele en Terneuzen
OMSCHRIJVING In 1998 is een aanvang gemaakt met de start van een geboorde tunnel van ongeveer 6,5 km lengte onder de Westerschelde.

BRAAKMAN ⊿

NR193
PROVINCIE Zeeland
LOCATIE Ten westen van Terneuzen
OMSCHRIJVING De Braakman werd begin jaren '50 afgesloten met een vaste dam. Hiervoor werden kleine caissons toegepast.

VEERDAMMEN BRESKENS ≋

NR194 / **P**253 / **F** KAREL TOMEÏ
PROVINCIE Zeeland
LOCATIE Breskens
OMSCHRIJVING De belangrijkste twee veerverbindingen over de Westerschelde rechtvaardigen specifieke voorzieningen bij het aanlandingspunt.

HET ZWIN ℳ

NR195 / **P**157 / **F** KAREL TOMEÏ
PROVINCIE Zeeland
LOCATIE Op de grens met België ten zuiden van Cadzand
OMSCHRIJVING Door de natuur de vrije hand te laten is een belangrijk natuurgebied ontstaan in de verzande voormalige zeearm.

STUW BORGHAREN/GRENSMAAS ⊿

NR196 / **P**063 / **F** DANIËL KONING
PROVINCIE Limburg
LOCATIE Ten noorden van Maastricht, Borgharen
Voor de Grensmaas is een groot natuurontwikkelingsproject opgezet.

JULIANAKANAAL ≋

NR197 / **P**155 / **F** TINEKE DIJKSTRA
PROVINCIE Limburg
LOCATIE Grensmaas (omgeving Born)
OMSCHRIJVING Grootschalige landschappelijke inpassing en optimalisering van natte en droge infrastructuur.

A76, HEERLEN ⌁

NR198
PROVINCIE Limburg
LOCATIE Zuid Limburg
OMSCHRIJVING Het heuvelachtige landschap in Zuid-Limburg gaf een extra dimensie aan de eisen voor het ontwerp van veilige autosnelwegen.

WATERKWALITEITSSTATION, EIJSDEN ℳ

NR199 / **P**183 / **F** TACO ANEMA
PROVINCIE Limburg
LOCATIE Eijsden, Maas
OMSCHRIJVING Drijvend laboratoriumponton in de Maas waarmee permanent de waterkwaliteit ter plaatse wordt gecontroleerd.

GRENSOVERGANG EIJSDEN, A73 ⌁

NR200
PROVINCIE Limburg
LOCATIE Eijsden
OMSCHRIJVING Zoals bij elke grensovergang valt ook hier, komend vanuit België, meteen het eigen karakter van het Nederlandse wegennet op.

INFORMATIEPANEEL
BIJ KUNSTWERKEN
EN LOCATIES

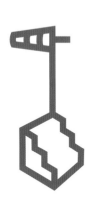

TRIBUNE BIJ
LOBITH EN
HOEK VAN HOLLAND

LEGENDA

⋈ TUNNEL, BRUG, AQUADUCT, VIADUCT
⊿ DIJK, LANDAANWINNING, DAM, ZEEWERING, VLOEDDEUR
≋ WATERWEG, HAVEN, VEER, STREKDAM
♪ WEG, VERKEERSPLEIN, VERKEERSBEGELEIDING
⊕ SLUIS, STUW
≭ GEMAAL, SPUIWERK, SIFON, AFWATERING
♫ MILIEUVOORZIENING
✳ OVERIGE

KAART NOORD-NEDERLAND

KAART ZUID-NEDERLAND

FOTO / PAGINA

INFORMATIEPANEEL
BIJ KUNSTWERKEN
EN LOCATIES

TRIBUNE BIJ
LOBITH EN
HOEK VAN HOLLAND

LEGENDA

TUNNEL, BRUG, AQUADUCT, VIADUCT
DIJK, LANDAANWINNING, DAM, ZEEWERING, VLOEDDEUR
WATERWEG, HAVEN, VEER, STREKDAM
WEG, VERKEERSPLEIN, VERKEERSBEGELEIDING
SLUIS, STUW
GEMAAL, SPUIWERK, SIFON, AFWATERING
MILIEUVOORZIENING
OVERIGE

COLOFON

'NAT & DROOG' NAAR EEN IDEE VAN DICK DE BRUIN, PROJECTCOÖRDINATOR RIJKSWATERSTAAT 200 JAAR / CONCEPT EN ONTWERP LIJN 5 ONTWERPERS (ROTTERDAM): GUUSJE BENDELER, LEONTINE VAN DEN BOOM, MART HULSPAS EN ROB SMITH / REDACTIONEEL CONCEPT HET KANTOOR: FRED ALLERS / TEKST HET KANTOOR: FRED ALLERS, MARJA BOLL, CLAUDIA DRUPPERS, CONNIE FRANSSEN, MARCEL DE KORTE, HEDWIG NEGGERS, MARCEL ODEN EN ROBERT PALLENCAÖE / FOTOGRAFIE TACO ANEMA, TINEKE DIJKSTRA, DANIËL KONING, CHRIS PENNARTS, SIEBE SWART EN KAREL TOMEÏ / ILLUSTRATIES MAURICE BLOK / REDACTIE LONNEKE ALSEMA, DICK DE BRUIN, ROB CHEVALLIER, MENNO KEIJSER, DIGNA LIEVAART EN MARIUS DE WATER / BEELDREDACTIE LIJN 5 ONTWERPERS EN TINEKE DIJKSTRA / EINDREDACTIE HET KANTOOR: FRED ALLERS / COÖRDINATIE LIJN 5 ONTWERPERS EN DIGNA LIEVAART / LITHOGRAFIE NAUTA & HAAGEN / DRUK VEENMAN DRUKKERS / BINDWERK BINDERIJ EPPING BV

IDEEËN EN BIJDRAGEN VAN : J. VAN ALPHEN, L. BATTERINK, LEO BEDAUX, H. BENDIJK, PAUL BERENDS, HERBERT BERGER, C. BEVERLOO, ELS BLAAUW, GERRIT BLIKMAN, GERRIT BLOM, ADRIENNE BOEK, HOLT, RENÉ BOETERS, A.J. BOS, SJOERD BOSMAN, JAN BUITENHUIS, JUDITH CALMEIJER MEIJBURG, M. CERUTTI, J. VAN DALFSEN, FRED DELPEUT, M. DERKSEN, HANS VAN DIJKE, G.M. DIJKSTRA, CO VAN DIXHOORN, ROEL DOEF, M.V.D. DRIFT, JAN VAN EERDEN, MIEP EISNER, HANS ELGERSHUIZEN, HEIN ENGEL, HERMAN FERGUSON, E. FOLLES, P.B. VAN DER GAAG, BERRIE GANZEBOOM, THEO VAN D GAZELLE, THIJS VAN GINKEL, P. HAMELYNCK, CEES DEN HARTOG, J. HEES, A. VAN DER HOEK, AKKE HOLSTEIJN, A. HOOGVORST, A.I.J.M. VAN DER HOORN, ANDREA HOUBEN, J.W.M. DE JAGER, L. JANSSEN B. KLOK, R.A. KOOIJMAN, R.H.J. KRAUSE, HANS LAMBRECHTSE, R.J. LAPRÉ, JAN VAN LEEUWEN, W. LEEUWENBURGH, BEPKE VAN DER MAAS, J. MANNAERTS, KARIN MEERSSCHAERT, EMMY MEIJERS P. VAN DER MEULEN, W.B. VAN MOURIK, GER NAGTEGAAL, ALWIN NIJHUIS, WILLEM VAN OMMEREN, J.C.J. OOSTVEEN, A.B.A. OVERDIEP, S. PALS, N. PELLENBARG, JAN PILON, HARRY PRINS, C. VAN RAAL TEN, HARRO REEDERS, TON ROHDE, L. SCHAAP, J. SEPP, W. SJAARDA, FRANS STORM VAN LEEUWEN, C.A. SWART, M. TANGERMAN, R.C. TIMMERMANS, H. V.D. TOGT, S. TOOR, HYLKE VISSER, W. VREE DAAN VREUGDENHIL, MARIUS VRIJLANDT, MARJAN VROOM, R. WESTENBERG, TON VAN DER WIEL, A.S. WIERDA, GERARD WITT, ARD WOLTERS, Y.J. ZIJLSTRA, J.F.W. ZUYDGEEST / ORGANISATIE MINISTERIE VAN VERKEER EN WATERSTAAT, DIRECTORAAT-GENERAAL RIJKSWATERSTAAT, PROJECT RIJKSWATERSTAAT 200 JAAR: WERKGROEP 6: LONNEKE ALSEMA, JAN HENDRIK BEKS, ANNELIES BOUWMEESTER, DICK DE BRUIN, ROB CHEVALLIER, FRANS JORNA, MENNO KEIJSER, FRANCIEN KORTEWEG, HANK KUNE, JAN VAN LEEUWEN, MARIUS DE WATER, LEO WILLEMSTEIN, EXTERNE MEDEWERKERS: FRED ALLERS MARJA BOLL, PIETER VAN DUUREN, MART HULSPAS, GUUS KEMME, DIGNA LIEVAART, ROB SMITH, JELLE ZIJLSTRA, ROB VAN ZOEST / MET DANK AAN LONNEKE ALSEMA / OPDRACHTGEVER PROJECTBUREAU RIJKSWATERSTAAT 200 JAAR / INCLUSIEF OUD-MEDEWERKERS: FRITS BERGER, FRITS BROUWER, DICK DE BRUIN, GEERTJE VAN DER DOES, MARTHE FULD, PIETER HUISMAN, STEPHEN KNEEFEL, FRANCIE KORTEWEG, LIESELORE VAN LEEUWEN, DIGNA LIEVAART, ARTHUR PRINS, FRANK SMID, JOSÉ TIMMERMANS, MARILYN WAANDERS, TRUDY WANDERS, HANS VAN DER WIEL, PIETER DE WILDE.

TYPOGRAFIE THESIS SERIF EN SYNTAX / PAPIER OMSLAG: COVERKOTE, BINNENWERK: DIALOOG 130 GRS. OPDIKKEND

ISBN 90 71570 84 3 / COPYRIGHT © 1998, PROJECTBUREAU RIJKSWATERSTAAT 200 JAAR / UITGEGEVEN DOOR ARCHITECTURA & NATURA PERS, AMSTERDAM